目にやさしい
大活字
SEO
Search
Engine
Optimization
に効く!
Webサイトの
文章作成術
株式会社グリーゼ 取締役
ふくだたみこ 著
社団法人全日本SEO協会
代表理事
鈴木将司 監修
JN143485

C&R研究所

■本書について

- 本書に記述されている社名・製品名などは、一般に各社の商標または登録商標です。なお、本書では™、©、®は割愛しています。
- 本書の内容は、2014年1月現在の情報を基に記述しています。

# はじめに

## ◆文章を制する人間が、インターネットを制す

ＳＥＯにおいて文章力が不可欠となり、インターネットビジネスを成功に導くために、ますます「書くチカラ」が重要視されています。本書を手にしたあなたは、すでに、文章力に対する悩み、または文章術への期待を感じていらっしゃる方だと思います。

本書では、大きく「集客力アップのための文章術」と「成約率アップのための文章術」という2部構成に加え、文章力を一瞬で引き上げるための14のテクニック集を付け加えています。

インターネットの案内人である「グーグル」を理解し、大手企業16社の事例を参考にしてください。ビジネスに文章術が必要だと感じているあなたにとって、必ず役に立つ内容です。

## ◆インターネット案内人「グーグル」の想い

インターネットを使っているユーザーが、毎日のように利用している「グーグル」。世界最大の検索エンジンとして有名です。いまやグーグルの検索窓が、インターネットへの入り口と言っても過言ではありません。

インターネットの案内人でもあるグーグルが、2012年以降、検索順位を決めるためのアルゴリズムに大きな変更を加えています。ペンギンアップデート、パンダアップデート、ハミングバードなどと呼ばれる「アルゴリズムの変更」です。

これらの変更は、小手先のSEOを行ってきた企業への警告です。自作自演のリンク対策、内容の薄いコンテンツなどを利用して上位表示していたサイトの順位を大胆に落とし、注意を促しています。

グーグルが目指すのは、ユーザーに役に立つサイトを上位表示し、ユーザーにとって快適な検索エンジンを構築することです。したがって企業に求められることは、ユーザーにとって役に立つコンテンツを作ることです。グーグルのアルゴリズムを意識しすぎて、ユーザーにわかりにくいコンテンツを作ってしまったら本末転倒です。

グーグルのアルゴリズムの変更は、ユーザーのことを大切に考える企業にとって「SEOがやりやすくなった」という朗報なのです。良質なコンテンツは、たくさんの人を集め(集客)、ファンを育てます。そしてユーザーの行動(成約)につながります。

## ◆企業別、最適なコンテンツを考える

では、どんなコンテンツを作っていけばよいのでしょう? コンテンツとひと言で言っても、辞書、用語集、コラム、事例、FAQ、お客様の声、商品ページ、サービスページ、スタッフ紹介、企業理念、歴史……と多岐にわたります。あなたのサイトにとって、最優先で着手すべきコンテンツは、どんなものなのでしょうか?

本書では、コンテンツ重視のサイト作りを行っている企業16社の事例を掲載しています。教育、語学、料理、雑貨、ECサイト、動物病院、製造業など、さまざまな業種、商材の事例を盛り込みました。すべて担当者に直接インタビューを行い、「お客様を集めるコンテンツとは何か」「お客様に行動してもらうコンテンツはどうあるべきか」を重点的にお聞きしています。

16社の事例に共通していることは、単にコンテンツを作ることを目標にするので

はなく、コンテンツを作ることによって得られる「成果」を目標にしているということです。ベネッセコーポレーションでは、ママたちを集めるため（集客のため）のコンテンツを企画しています。ＴＯＥＩＣ®では、繰り返し試験を受けてもらうためのリピート率アップのためのコンテンツを制作しています。認知拡大、メディアへの露出、ファン育成、ブランディングなどを目標にする企業もあります。16社の事例を通して、あなたのコンテンツ戦略が見つかると思います。

## ◆コンテンツ作りに不可欠な「書くチカラ」とは

コンテンツを作ると言っても、簡単なことではありません。企画力、設計力なども必要ですが、継続してコンテンツを増やしていくためには、文章力（書くチカラ）が必須です。

ところであなたは、「書くチカラ」に自信はありますか？　ライティングは得意ですか？

「ＮＯ*!*」「苦手」「嫌い」という方がほとんどでしょう。理由は簡単です。私たちは学生時代、作文、レポート、小論文を書いてきただけです。ビジネスライティング、特にインターネットでビジネスを成功させるためのライティングについては、「いままで誰も教えてくれなかった」という状況ではないでしょうか？

あきらめないでください。その苦手を克服する方法が、この本の中にあります。

私が取締役を務める会社では、プロのライター180名（2014年1月現在）をネットワークしています。2000年の創業以来、各ライターの得意分野を活かし、いろいろな業種の企業、ECサイトの商品ページ、メルマガ、コラムなどを制作してきました。また、ウェブライティング、メルマガ講座などの企業研修・セミナーの講師も積極的に行っています。本書では、10年以上にわたり、ウェブに特化したライティング事業を行ってきた当社のノウハウを余すことなく公開しています。

ビジネス的な文章は、目的に応じて書き分けることが必要です。用語集や操作説明の場合は正しく伝えること、わかりやすく伝えることが求められますが、購入を目的とした商品ページではお客様に「欲しい！」「買いたい！」と思わせるエモーショナル（感情を揺さぶる）な表現や、伝える順番（構成）も大事です。商品そのものに興味のないお客様も、自分の幸せ（ハッピー）に気付くと、ページのスクロールをはじめるのです。

本書は、第1章と第2章が「集客力アップ」を意識した内容に、第3章と第4章が「成約率アップ」を意識した内容になっています。第5章は、書くチカラを鍛えるためのテクニック集です。作文力ではなく、「仕事で使える文章力（ライティング力）」を身に付けましょう。本書があなたのビジネスのお役に立てば幸いです。

株式会社グリーゼ　取締役　ふくだたみこ

2014年1月

# 監修によせて

今、ＳＥＯの世界で最も求められているスキルの1つが文章術（コンテンツライティング）です。ネットユーザーにプラスになるコンテンツを、自社サイト上にいかに増やせるかが検索順位アップの鍵になってきています。

その理由は、グーグルなどの検索エンジン会社のサイト解析力が飛躍的に向上したからです。

ひと昔前なら、ネットユーザーにプラスになるコンテンツを作っても、それが検索エンジンに大きくは評価されませんでしたが、現在のＳＥＯではそうしたコンテンツを作ることがダイレクトに企業のウェブ集客の成功につながるようになったのです。

これは検索エンジンの歴史にとって革命的な変化です。

この変化を大きなチャンスとして捉え、新規客の獲得、ブランド力アップ、サイトからの売上アップを実現していただくために本書が生まれました。

著者のふくだ先生はこれまで現場でさまざまな業種の企業のコンテンツライティングに携わりながら、専門学校の講師やセミナー講師などでそのノウハウを広めてきた方です。

その活動を通じて得た成果が本書です。初心者の方でも実践できるコンテンツライティングの教科書を書き上げました。

また、多くの企業の成功事例を取材という形で集め、その中から導かれる成功法則、具合的な作業手順をわかりやすくまとめています。

インターネットの本来の素晴らしさは、規模の大小を問わず、やる気のある企業、個人なら誰でも、情報発信をすることによって自分が望む人達と出会うことができるということです。

本書のノウハウを実践していただくことによって、あなたの望む人達に自らの存在、素晴らしさを知っていただけるはずです。

あなたのＳＥＯとウェブ集客のご成功を祈念します。

２０１４年１月吉日

一般社団法人全日本ＳＥＯ協会　代表理事　鈴木将司

CONTENTS
# 目次

## 第1章 SEOに効くコンテンツの見つけ方 〜集客力アップ①〜

# 第2章 グーグルに好かれるSEOライティング ～集客力アップ②～

## 売り上げを伸ばす商品ページライティング ～成約率アップ①～



## お客様を引き付けるキャッチコピーライティング ～成約率アップ②～

第5章

# 基本と応用で文章力養成！「書けるテクニック・14連打」

# 第1章

# SEOに効く コンテンツの見つけ方 〜集客力アップ①〜

# グーグルに学ぶ！訪問者を増やすコンテンツ、減らすコンテンツ

## ペンギンとパンダのパトロール

ペンギンアップデートとパンダアップデートという言葉を聞いたことはありますか？　2012年に日本に入ってきた、グーグルの新しいアルゴリズムです。小手先のSEOを行っていたサイトにペナルティを与え、場合によっては圏外にまで吹き飛ばしてしまうという暴れん坊のアルゴリズムです。サイトへの集客が減り、売り上げが落ち込み、途方に暮れたウェブ担当者も多数。サイトの順位が元に戻らず、新しいサイトを立ち上げて、一から再出発した企業もありました。

ペンギンアップデートは、リンクに対する取り締まりを行っています。「サイトと関連性のない大量のリンクがないか」「無料ブログなどからの自作自演のリンクがないか」などを注意深くパトロールしています。パンダアップデートは、コンテンツに対する取り締まりを行っています。「他社のサイトをコピーしたコンテンツはないか」「ユーザーにとって役に立たない低品質のコンテンツはないか」をチェックしています。

ペンギンアップデート、パンダアップデートに続き、グーグルは2013年9月26日「ハミングバード」という名称のアルゴリズムを発表しました。音声入力や会話文への対応が強化されていることから、私はますますコンテンツ重視、テキスト重視の傾向が強くなると考えています。

**ペンギンアップデートとパンダアップデート**

**ペンギンアップデート**

**リンクに対するペナルティ**

【チェックポイント】

- 関連性のないリンクはないか
- 過剰なリンクはないか
- 有料のリンクを購入していないか
- 衛星サイトを大量に作り、意味のないリンクを貼っていないか

＋

**パンダアップデート**

**コンテンツに対するペナルティ**

【チェックポイント】

- 他のサイトをコピーしたコンテンツではないか
- ユーザーにとって価値のないサイト、品質が悪いサイトではないか
- 重複コンテンツがないか
- 単なるリンク集のようなサイトではないか

COLUMN

## SEOにおける外部要素と内部要素

グーグルは、サイトの順位を決めるためのアルゴリズムを持っています。アルゴリズムは一般には公開されていませんが、簡単に言うと、各サイトの外部要素と内部要素を見ています。

### ○外部要素

グーグルは、「リンクがたくさん張られているサイトは、いいサイト」として評価しています。リンクの1本1本を、そのサイトに対する投票と考えてみてください。特に、ヤフーのような大きなサイトからのリンク、人気のあるサイトからのリンク、関連性のあるサイト(たとえば、食品サイトに対して食品サイトからのリンク)などを高く評価します。

### ○内部要素

「ページ内にAというキーワードがある程度、書かれていれば、そのサイトはAについて説明しているサイトである」と評価します。重要タグ(タイトルタグなど)にキーワードが書かれているサイト、ある程度の出現頻度でキーワードが書かれているサイト、ページ数の多いサイトなどが検索エンジンの上位に表示されます。

外部要素を狙って、自作自演のリンクを仕込むサイトや、リンク販売する会社が出てきました。内部要素を狙って、コピーしただけの悪質ページが増えたり、内容が薄くキーワードだけを詰め込んだページが増えました。粗悪なページが上位表示されないように、グーグルは常にアルゴリズムを変更し、対策を行っています。

## グーグルはなぜ、コンテンツを重視するのか

「グーグルがなぜ、アルゴリズムの変更を行っているのか」。その答えは簡単です。グーグルは、今でこそ検索エンジンの最大手ですが、かつてはヤフーのほうが有名でした。検索エンジンのトップとして君臨し続けるためには、「さすがグーグル。探していたものを一発で表示してくれてありがとう」とユーザーに支持されなければなりません。自作自演で上位を勝ち取ったような品質の悪いサイトを、いつまでも上位表示させておくわけにはいかないのです。

グーグルのサイトには、「ウェブマスター向けガイドライン」が掲載されています。基本方針として「検索エンジンではなく、ユーザーの利便性を最優先に考慮してページを作成する。」と書かれています。これがグーグルのポリシーです。グーグルのアルゴリズムは、ユーザーを第一に考え、まじめにインターネットを活用しているサイトを、検索エンジンの上位へ押し上げるための仕組みなのです。良いコンテンツは、ユーザーにとって役に立つコンテンツです。逆に、悪いコンテンツは、ユーザーにとって役に立たない、価値のないコンテンツであると意識しましょう。

◉グーグルのウェブマスター向けガイドライン

Google ウェブマスターツール のヘルプを検索 ログイン

‹ ウェブマスター ツール ヘルプ コミュニティ

**今すぐ開始**

サイトの追加

ウェブマスターに関するよくある質問

ウェブサイトの所有権を確認する理由

**ウェブマスター向けガイドライン（品質に関するガイドライン）**

サイトの状態

ウェブマスター向けガイドライン（品質に関するガイドライン）

サイトの検出、クロール、インデックスに関するベスト プラクティス

品質に関するガイドライン

この品質に関するガイドラインでは一般的な偽装行為や不正行為について説明していますが、ここに記載されていない不正行為についても、Google で対応策を実施することがあります。また、このページに記載されていない行為が許可されているとは限りません。抜け道を探すことに時間をかけるより、ガイドラインを厳守することでユーザーの利便性が向上し、検索結果の上位に表示されるようになります。

Google の品質に関するガイドラインに従っていないと思われるサイトを見つけた場合は、スパム報告で Google にお知らせください。個別の不正行為対策を最小限に抑えられるよう、Google では拡張可能で自動化された解決方法の開発に努めています。Google では、すべての報告に対して手動による対策を講じるとは限りませんが、ユーザーへの影響度に応じて各スパム報告に優先度を設定し、場合によってはスパム サイトを Google の検索結果から完全に削除することがあります。ただし、手動による対策を講じた場合には必ずサイトを削除する、というわけではありません。また、報告を受けたサイトに対して Google で対策を講じた場合でも、その効果があったかどうかが明確にならないこともあります。

**品質に関するガイドライン - 基本方針**

- 検索エンジンではなく、ユーザーの利便性を最優先に考慮してページを作成する。
- ユーザーをだますようなことをしない。
- 検索エンジンでの掲載位置を上げるための不正行為をしない。ランクを競っているサイトや Google 社員に対して自分が行った対策を説明するときに、やましい点がないかどうかが判断の目安です。その他にも、ユーザーにとって役立つかどうか、検索エンジンがなくても同じことをするかどうか、などのポイントを確認してみてください。
- どうすれば自分のウェブサイトが独自性、価値、または魅力のあるサイトとい かを考えてみる。同分野の他のサイトとの差別化を図ります。

ガイドラインにこのように記載されている

**品質に関するガイドライン - 具体的なガイドライン**

次のような手法を使用しないようにします。

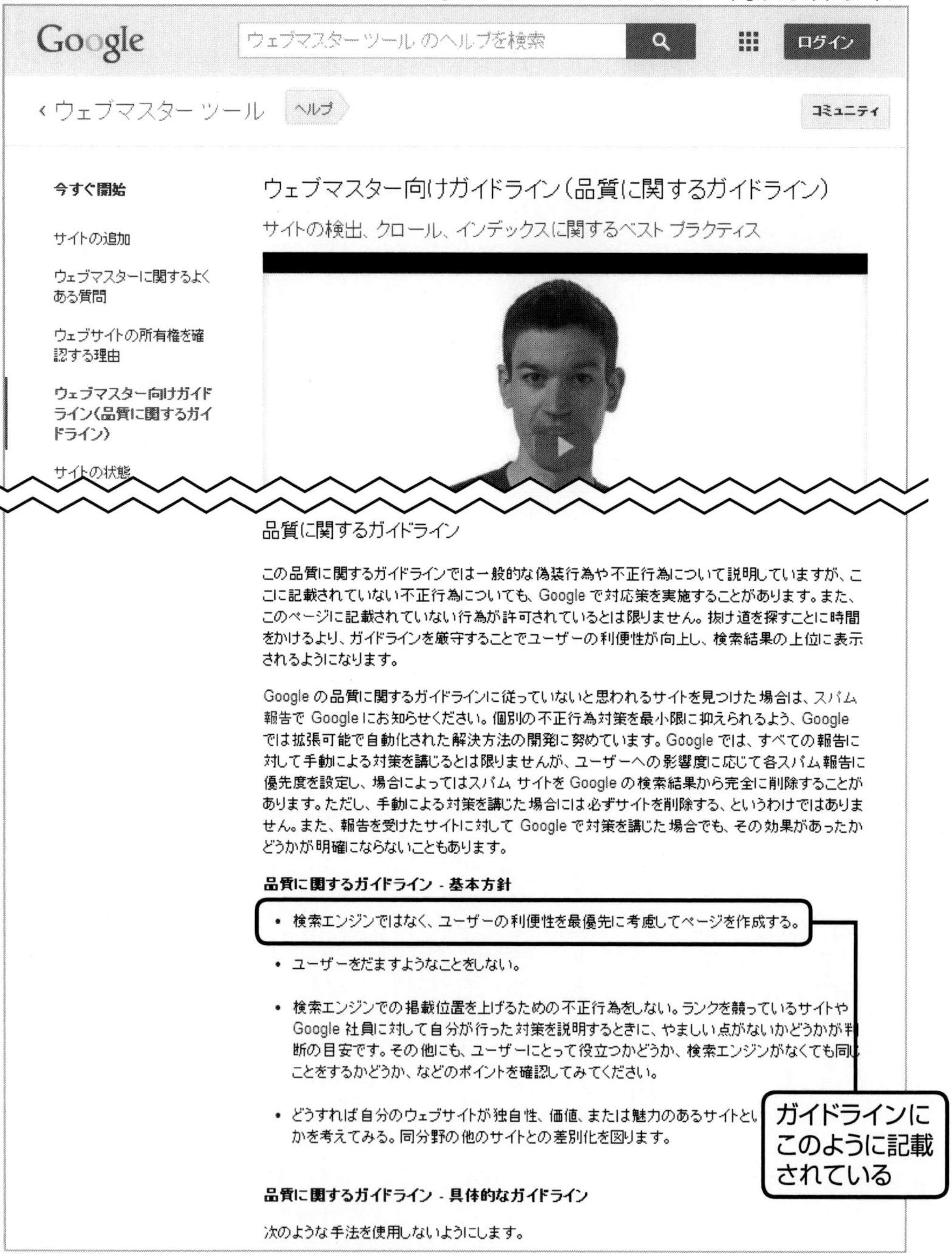

URL https://support.google.com/webmasters/answer/35769

良質なコンテンツはユーザーに評価され、自然なリンクを呼び込みます。48ページで事例として紹介するECサイト「ハンコヤドットコム」では、ユーザーに役に立つようにと「印鑑うんちく辞典」というコンテンツを作っています。印鑑の種類、印鑑の押し方、印鑑登録の方法など、創業当初は代表取締役の藤田氏が自らパソコンに向かい、1ページずつ増やしていったコンテンツです。印鑑について困った人が数多く訪問し、「ヤフー知恵袋」などのQ&Aサイトで印鑑関連の質問が出ると、「ここが役に立つよ」と紹介されるようになりました。今では国会図書館のサイトにも登録されています。コンテンツが人に評価され、自然なリンクを呼び込んでいる好事例です。

◉ハンコヤドットコムの「印鑑うんちく辞典」

# 見込み客に検索されるキーワードの選び方

## キーワード選びの失敗例

目標キーワードを決めて、検索順位の1位を勝ち取ったとします。でも「そのキーワードで検索する人が誰もいなかった」としたら、どうでしょう。検索してもらえないのですから、集客が見込めません。コンテンツを充実させて、検索エンジンの上位を狙い、アクセス増を目的とする「コンテンツSEO」の考え方。成功のためには、キーワード選びが大切です。失敗しないために、ありがちな失敗例を見ていきましょう。あなたも思い当たることがあるかもしれません。

### 【失敗例①】　検索されないキーワード

同姓同名が多い方は難しいかもしれませんが、個人名で検索すると、たいていご自身のことが掲載されているサイトが表示されると思います。試しに私の名前「福田多美子」で検索してみると、自社のサイトや関連サイトが表示されました。しかし「福田多美子」で検索するのは、家族くらいでしょう。1位になっても、誰も検索してくれなければ意味がありません。商品名、サービス名で1位を狙っている方は、その名称がどのくらい知名度があるか（検索される可能性があるか）をチェックしましょう。

### 【失敗例②】　ビッグキーワード

「パソコン」「コーヒー」「ホテル」など、ビッグキーワードで1位を目指すのは、険しい道です。検索する人も多いですが、ライバルサイトも多いからです。「パソコン　修理」「パソコン　修理　立川」などと、複合キーワードを検討するほうが賢明です。

### 【失敗例③】　キーワードが少ない

コーヒーカップを扱うＥＣサイト。「コーヒーカップ」というキーワードはすぐに思い付きますが、それだけでいいでしょうか？　ティーカップ、カフェオレカップ、マグカップなども目標キーワードとして盛り込んでおけば、より多くの人を呼び込むことができます。

## キーワード選定の3ステップ①　ユーザーが使うキーワードを想像する

適切なキーワードは、どのような手順で見つけていけばよいのでしょうか？　3つのステップで、一緒にキーワードを探していきましょう。オンラインゲームを作ったゲームメーカーの方が、「オンラインゲーム」というキーワードで上位表示したい、と考えたとします。でも、少年たちは、「ゲーム　無料」と検索しているかもしれません。メーカー側、売り手側が狙おうとしているキーワードと、ユーザーが日ごろ使っている言葉とがずれていることが、失敗の原因になっていることもあります。

自分たちが使う言葉ではなく、ユーザーがどんな言葉を使って検索するかを、常に想像しましょう。頭で考えても浮かばない場合は、類語辞典を使ってみましょう。インターネット上には、無料で使える類語辞典のサイトがいくつかあります。

- Weblio類語辞典
  URL http://thesaurus.weblio.jp/

●類語jp
URL http://ruigo.jp/

●類語玉手箱
URL http://ruigo-tamatebako.jp/

たとえば、文房具を販売するサイトを作ろうと考えたとき、「文房具」だけをキーワードに決めてしまうのは安易です。類語辞典を使うと、「文具」「筆記具」「筆記用具」「ステーショナリーグッズ」などの言葉に出合うことができます。「大学ノート」「三色ボールペン」などと欲しいものを直接入力する人も多いでしょう。もう1つ例を見てみます。化粧水はどうでしょうか？　類語辞典を駆使すると、「ローション」「スキンコンディショナー」「スキンケア」などの言葉を見つけることができます。ユーザーがどのキーワードを検索窓に入れてくるかはわかりませんが、ステップ1としては、可能性のあるキーワードをたくさんピックアップしてみることが大事です。

検索されるキーワードの選び方
「文具」で検索
「三色ボールペン」で検索
「大学ノート」で検索
ユーザーA
ユーザーB
「筆記具」で検索
ユーザーD
ユーザーC
文房具のオンラインショップ
どんなキーワードで検索されるかな?
キーワードのピックアップ
ショップの経営者
キーワードの候補
● 文具
● 筆記具
● 大学ノート
● 三色ボールペン　etc.
ユーザーが使うキーワードを想像してピックアップすることが大切です

## キーワード選定の3ステップ② 関連ワードを探す

たとえば、英会話スクールに行こうと思ったとき、どんな検索を行いますか？「英会話スクール」と検索する人よりも、「英会話スクール　渋谷」と地名を入れたり、「英会話スクール　ネイティブ」とこだわりを入れたりする人のほうが多いのではないでしょうか？　本気度の高い人ほど、2語、3語と組み合わせて検索します。人はどんな組み合わせで検索しているのでしょうか。

関連ワードの候補を探すためのツールも、インターネット上にたくさん存在しています。「関連ワード　検索」などと検索してみてください。無料で使えるツールがたくさん出てきます。ツールに目的のキーワードを入れてみましょう。候補となる関連ワードがずらりと表示されます。試しに「化粧水」の関連ワードを探してみましょう。「化粧水　ランキング」「化粧水　オススメ」などが出てきます。化粧水を探している人は「ランキングを見て、上位の化粧水を試してみたい」とか「誰かのオススメだったら安心」と思うのかもしれません。

このように関連ワード検索を行ってみると、コンテンツ作成のヒントになります。「化粧水　ランキング」を意識して、年齢別、季節別にランキングコーナーを作ってもいいでしょう。乾燥肌や敏感肌など、肌の特徴別のランキングも役に立ちます。「化粧水　オススメ」を意識すれば、「美容専門家○○さんのオススメコーナー」「ユーザーがオススメする○○化粧水のオススメポイント」などのコンテンツがアイデアとして浮かびます。

「化粧水　メンズ」「化粧水　男」なども出てきます。化粧水のサイトを作る際に、ターゲットを男性に絞って「男性向けの化粧水専門店」という打ち出し方をするのもいいかもしれない、というアイデアも生まれます。ステップ1で出合った類語も入れて試してみましょう。関連ワードを見つけるだけでなく、ビジネスのヒントを探り当てるかもしれません。

◉goodkeyword（Yahoo/Google関連ワード）

URL http://goodkeyword.net/

◉関連検索ワード「UNIT SEARCH」

URL http://www.lifexweb.com/lab/unitsearch.php

## キーワード選定の3ステップ③　月間検索数を調べる

ユーザーが使っているキーワードが見えてきたら、そのキーワードがどのくらいの頻度で検索されているかを調べます。グーグルが提供している「キーワードプランナー」(次ページのコラム参照)を使うと、キーワードの候補とトラフィックの予測を取得することができます。せっかく目標キーワードを決めてSEOを行っても、検索する人が少なかったら訪問者を増やすことはできません。平均検索ボリュームを調べて、月に何回くらい検索されるかを確認しましょう。

化粧水を例にして調べてみました。「化粧水　ランキング」と入力する人は多く、月に18100回の検索があります。「化粧水　人気」も月に6600回検索されています(2014年1月)。コンテンツ化する価値がありそうです。「手作り化粧水」を探している人も月間6600と多いです。手作り化粧水を商品ラインナップに加えよう、とか、手作り化粧水のキット販売を検討しよう、などとアイデアを広げましょう。「敏感肌　化粧水」で3600、「乾燥肌　化粧水」で2900の数値が出ています。お悩み別の化粧水のコーナーも、集客力があるかもしれません。

COLUMN

## キーワードプランナー

キーワードプランナーは、グーグルが提供している無料ツールです（ただし、アカウントの取得が必要）。アドワーズのアカウントを取得するだけで、誰でも利用することができます。本来は、グーグルのアドワーズ広告を出稿する際に、キーワードごとの月間検索数、競合性、見積もり（入札単価）などを調べるためのツールです。キーワードプランナーを使うと、SEOのキーワード選定に役立ちます。使い方は簡単なので、SEOを行う方は、積極的に利用するようにしましょう。

## キーワードプランナーの使い方

キーワードプランナーは、次のようにして利用します。

### 1「キーワードプランナー」の選択

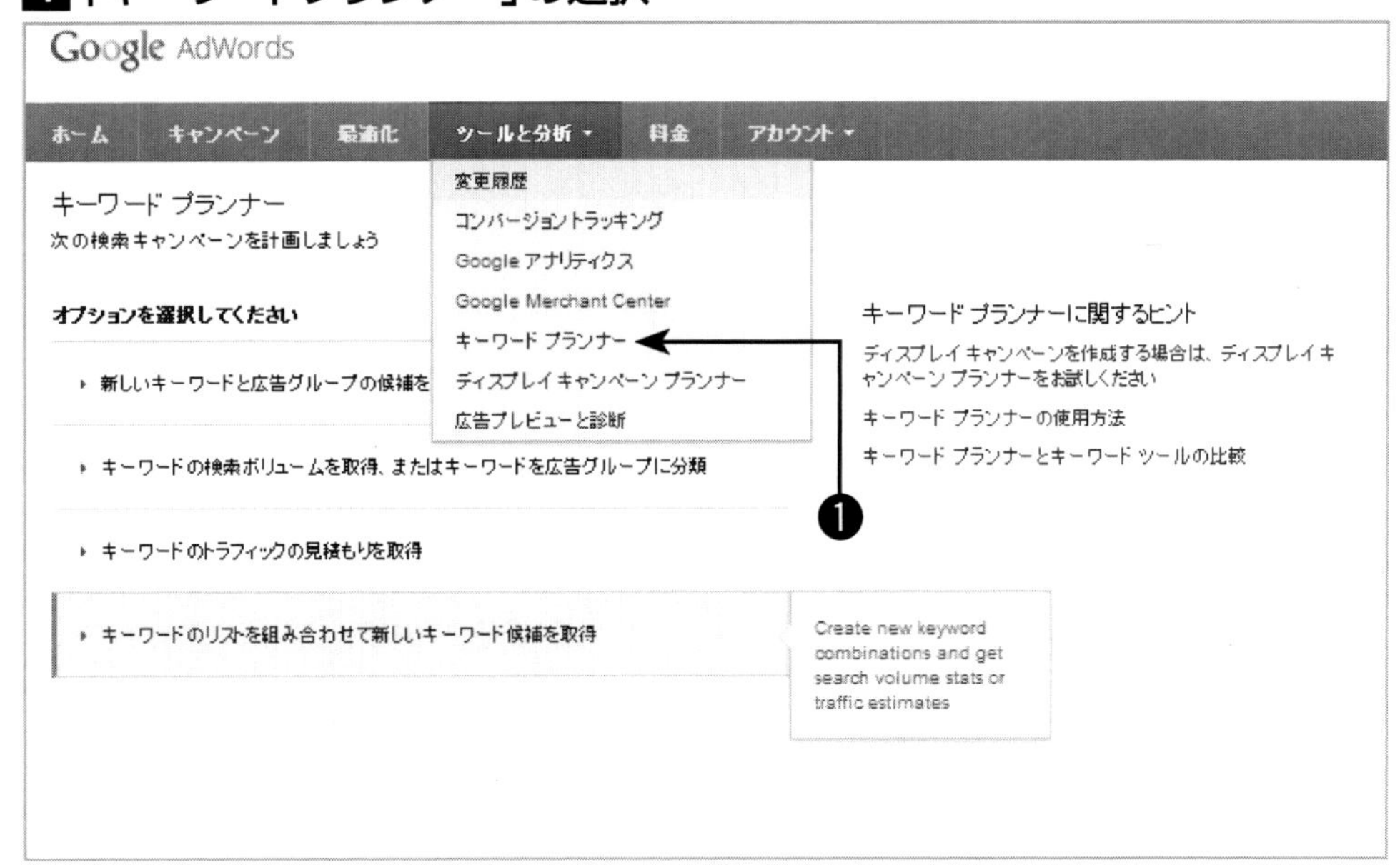


❶ グーグルアドワーズにログインして、「ツールと分析」タブから「キーワードプランナー」を選択します。

## 2 キーワードの入力

❶「新しいキーワードと広告グループの候補を検索」をクリックします。
❷ 目標キーワード(複数のキーワードでもOK)を入力します。
❸「候補を取得」ボタンをクリックします。

## 3 結果の確認

| 検索語句 | 月間平均検索ボリューム | 競合性 | 推奨入札単価 | 広告インプレッションシェア | プランに追加 |
|---|---|---|---|---|---|

| キーワード(関連性の高い順) | 月間平均検索ボリューム | 競合性 | 推奨入札単価 | 広告インプレッションシェア | プランに追加 |
|---|---|---|---|---|---|
| 化粧水 ランキング | 18,100 | 高 | ¥352 | 0% | » |
| ビタミンc誘導体 化粧水 | 2,900 | 高 | ¥181 | 0% | » |
| どくだみ化粧水 | 2,900 | 高 | ¥87 | 0% | » |
| 化粧水 人気 | 6,600 | 高 | ¥373 | 0% | » |
| 手作り化粧水 | 6,600 | 中 | ¥89 | 0% | » |
| れんげ化粧水 | 2,400 | 高 | ¥17 | 0% | » |
| 美白 化粧水 | 8,100 | 高 | ¥244 | 0% | » |
| ニキビ 化粧水 | 9,900 | 高 | ¥221 | 0% | » |
| セラミド 化粧水 | 2,900 | 高 | ¥252 | 0% | » |
| 敏感肌 化粧水 | 3,600 | 高 | ¥370 | 0% | » |
| 乾燥肌 化粧水 | 2,900 | 高 | ¥414 | 0% | » |
| ハトムギ化粧水 | 14,800 | 中 | ¥68 | 0% | » |
| 保湿 化粧水 | 1,600 | 高 | ¥467 | 0% | » |
| 化粧水 口コミ | 3,600 | 高 | ¥482 | 0% | » |
| 毛穴 化粧水 | 1,900 | 高 | ¥302 | 0% | » |

❶「キーワード候補」タブをクリックし、結果を確認します。

## キーワード選定のまとめ（ロングテールSEO）

このようにキーワード選定のステップ1からステップ3を行い、自社サイトの目標キーワードを決めていきます。ビッグキーワードがあっても、もちろん問題ありません。ただし、ビッグキーワードだけではなく、スモールキーワードや複合キーワードも見つけて、戦略的に攻略していくことをおすすめします。たとえば「青汁」というキーワードはライバル店も多く、大手企業も参入している難しいビッグキーワードです。自分なりに大目標、中目標、小目標と決めて、小目標から攻略していくという考え方もあります。小目標は、比較的短期間で上位表示される可能性があります。小目標から攻めて、大目標は時間をかけてじっくり取り組むという作戦です。このような進め方をロングテールSEOといいます。

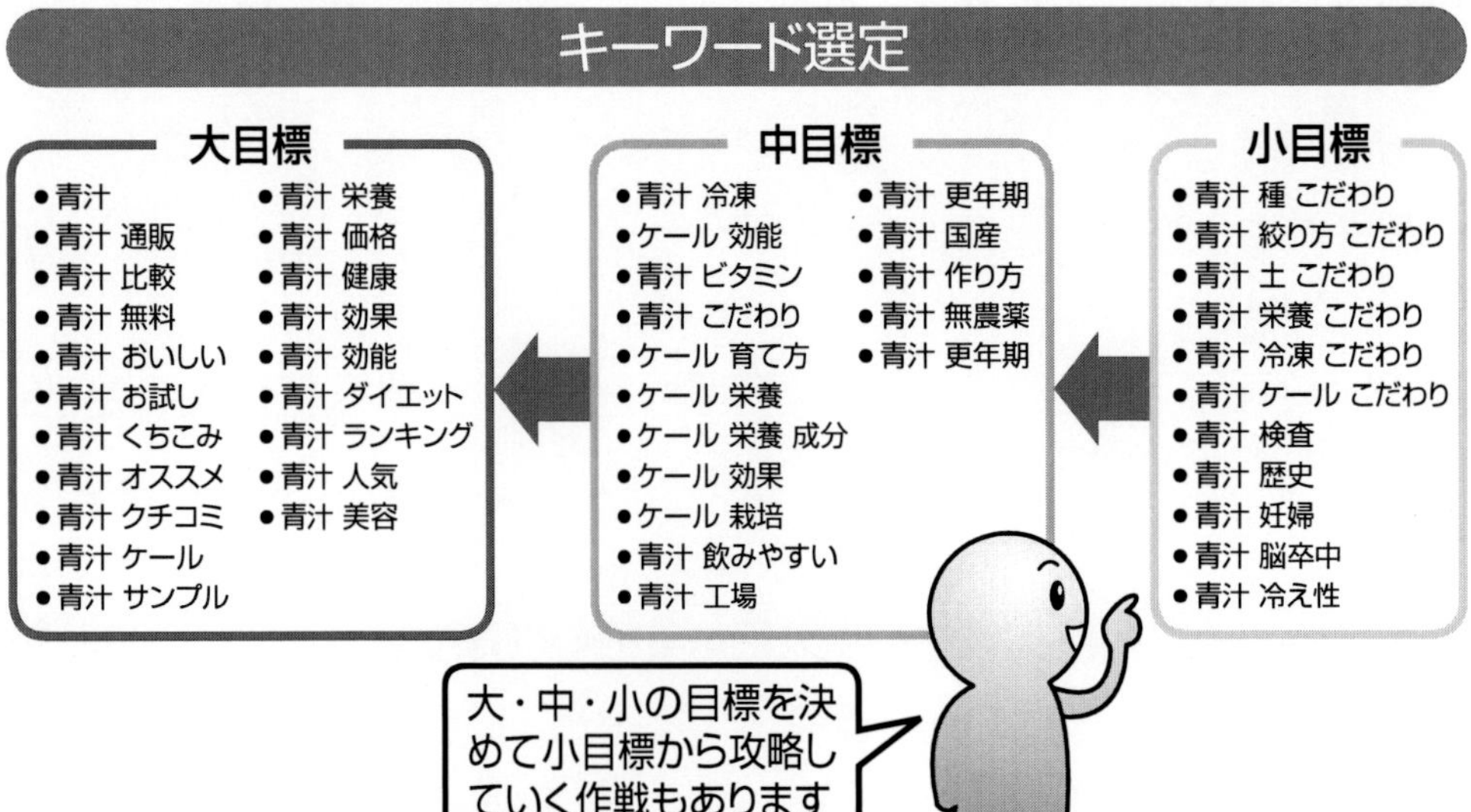

**キーワード選定**

| 大目標 | |
| --- | --- |
| ●青汁 | ●青汁 栄養 |
| ●青汁 通販 | ●青汁 価格 |
| ●青汁 比較 | ●青汁 健康 |
| ●青汁 無料 | ●青汁 効果 |
| ●青汁 おいしい | ●青汁 効能 |
| ●青汁 お試し | ●青汁 ダイエット |
| ●青汁 くちこみ | ●青汁 ランキング |
| ●青汁 オススメ | ●青汁 人気 |
| ●青汁 クチコミ | ●青汁 美容 |
| ●青汁 ケール | |
| ●青汁 サンプル | |

| 中目標 | |
| --- | --- |
| ●青汁 冷凍 | ●青汁 更年期 |
| ●ケール 効能 | ●青汁 国産 |
| ●青汁 ビタミン | ●青汁 作り方 |
| ●青汁 こだわり | ●青汁 無農薬 |
| ●ケール 育て方 | ●青汁 更年期 |
| ●ケール 栄養 | |
| ●ケール 栄養 成分 | |
| ●ケール 効果 | |
| ●ケール 栽培 | |
| ●青汁 飲みやすい | |
| ●青汁 工場 | |

| 小目標 |
| --- |
| ●青汁 種 こだわり |
| ●青汁 絞り方 こだわり |
| ●青汁 土 こだわり |
| ●青汁 栄養 こだわり |
| ●青汁 冷凍 こだわり |
| ●青汁 ケール こだわり |
| ●青汁 検査 |
| ●青汁 歴史 |
| ●青汁 妊婦 |
| ●青汁 脳卒中 |
| ●青汁 冷え性 |

大・中・小の目標を決めて小目標から攻略していく作戦もあります

## COLUMN ロングテールSEOとは

ロングテールは、「恐竜のしっぽ」というの意味です。縦軸に売り上げをとり、横軸に商品を売れている順番に並べてみます。グラフは右下がりの曲線になり、恐竜のしっぽに見えることから、ロングテールという言葉が生まれました。売り上げの高い主力商品だけで運営するのではなく、一つ一つの売り上げは小さくても品ぞろえを豊富にすることによって全体としての売り上げを増やそうという考え方です。

SEOも同様で、月間検索数の多いビッグキーワードだけで集客するのではなく、一つ一つのキーワードでの集客は小さくても、全部を足すことによって全体の集客数を多くすればいいという考え方です。これを「ロングテールSEO」と呼びます。コンテンツSEOを実践することによって、ロングテールSEOがやりやすくなります。ぜひ、実践してください。

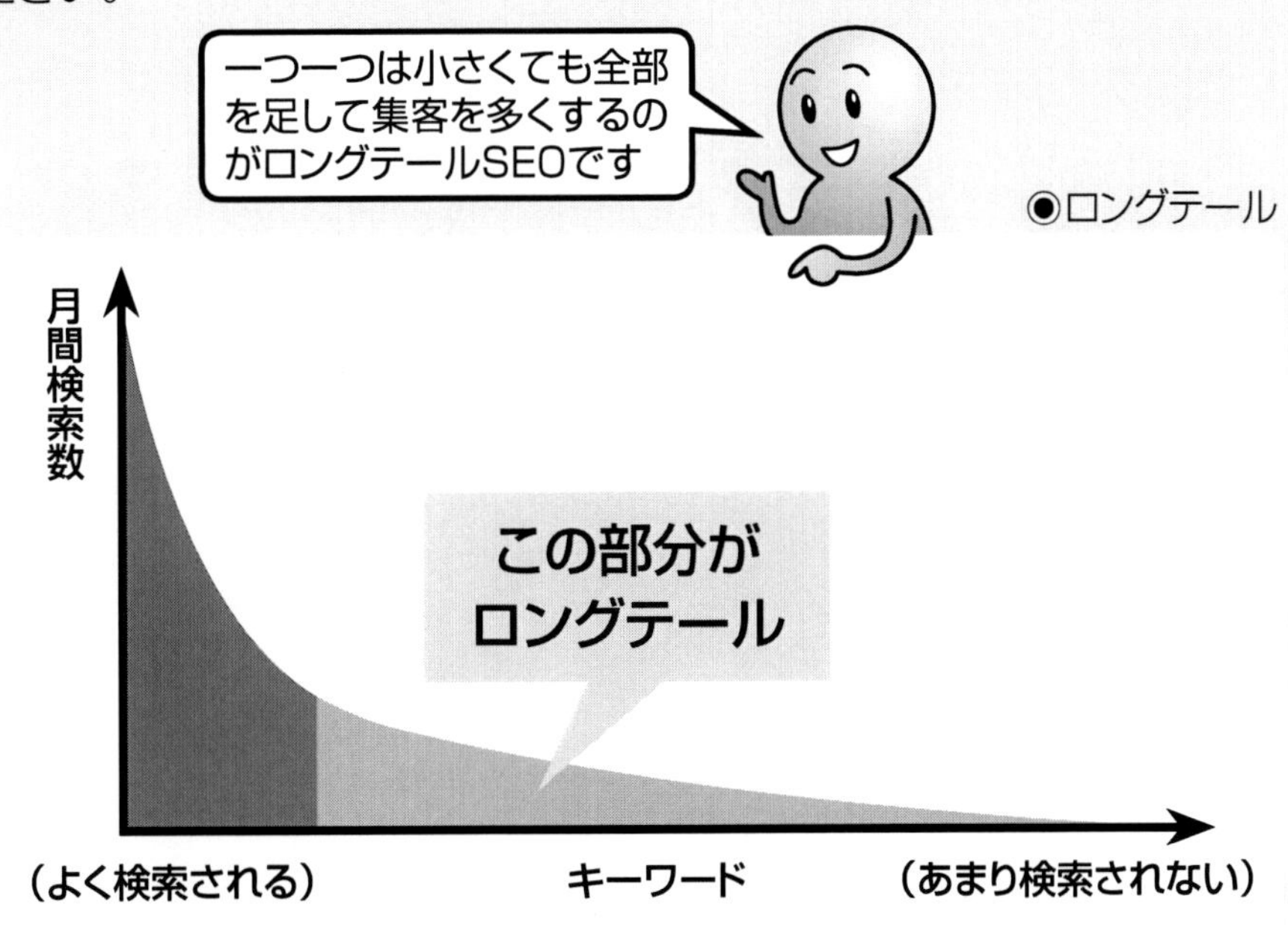


◉ロングテール

ベネッセコーポレーション

## 事例 複合キーワードでロングテールSEOを実践

ベネッセコーポレーションのような大きな会社でも、ロングテールSEOを実践しています。ママたちが育児に関するさまざまなお悩みキーワードで検索し、サイト訪問をしているという事例です。

通信教育などの事業を行う株式会社ベネッセコーポレーションで、0~6歳児向け幼児教育教材を提供する「こどもちゃれんじ」。2012年4月に会員向けの公式サイト「おやこみらいひろば」を開設しました。「おやこみらいひろば」の目的は、こどもちゃれんじ会員とのコミュニケーションとファンづくり。月に1回届ける教材と連動するコンテンツがあったり、人気キャラクターしまじろうが登場するゲームなど親子で楽しめるコンテンツが充実しています。このサイトを担当する牧野氏は、「このサイトは会員向けではありますが、新規サイト訪問客を取り込むため、SEO

にも力を入れています」と語り、取り組みについて、こう説明しました。

1つは「育児ペディア」というコーナーです。「みんなの声をあつめてリアルな育児百科事典をつくる、新感覚コミュニティ」というコンセプトで、育児のお悩みテーマを投げかけ、みんなで解決法や経験談などを書きこんでいくコンテンツです。牧野氏は「このコンテンツでは、複合キーワードを大切にロングテールワードでのSEOを狙っています」と語ります。会員からの回答には、重要なキーワードが多く含まれ、子育て中の人が日常的に使っている生の言葉も散りばめられます。コミュニケーションが活発になればなるほど、ページが増える仕組みになっていて、SEO効果と同時にサイトの賑わいを出す効果もあると言います。

もう1つは「イマドキ！　子育てニュース」のコーナーです。世の中にあふれる情報の中から、幼児のお子さまがいるご家庭対象に、ベネッセ発信の信頼できる子育て・教育ニュースを配信しています。子育て、幼児教育、園・学校生活など、カテゴリ分けした情報は、20文字前後のタイトルと200〜300文字の要約文にまとめて掲載。「最近は60％がスマホからのアクセスです。時間のないママたちがスマホを片手にサクッと読めるように文章量や画面を工夫しています。SEOの目的もありますが、「子育て中の方にとって役に立つ、信頼できる情報を、ベネッセらしい切り口で発信したいという気持ちも大きいです」と牧野氏は話します。「おやこみらいひろば」はオープンしてもうすぐ2年となり、少しずつですが、検索で訪れる割合も多くなっているようです。

## ベネッセコーポレーション　おやこみらいひろば

URL http://kodomo.benesse.ne.jp/ap/

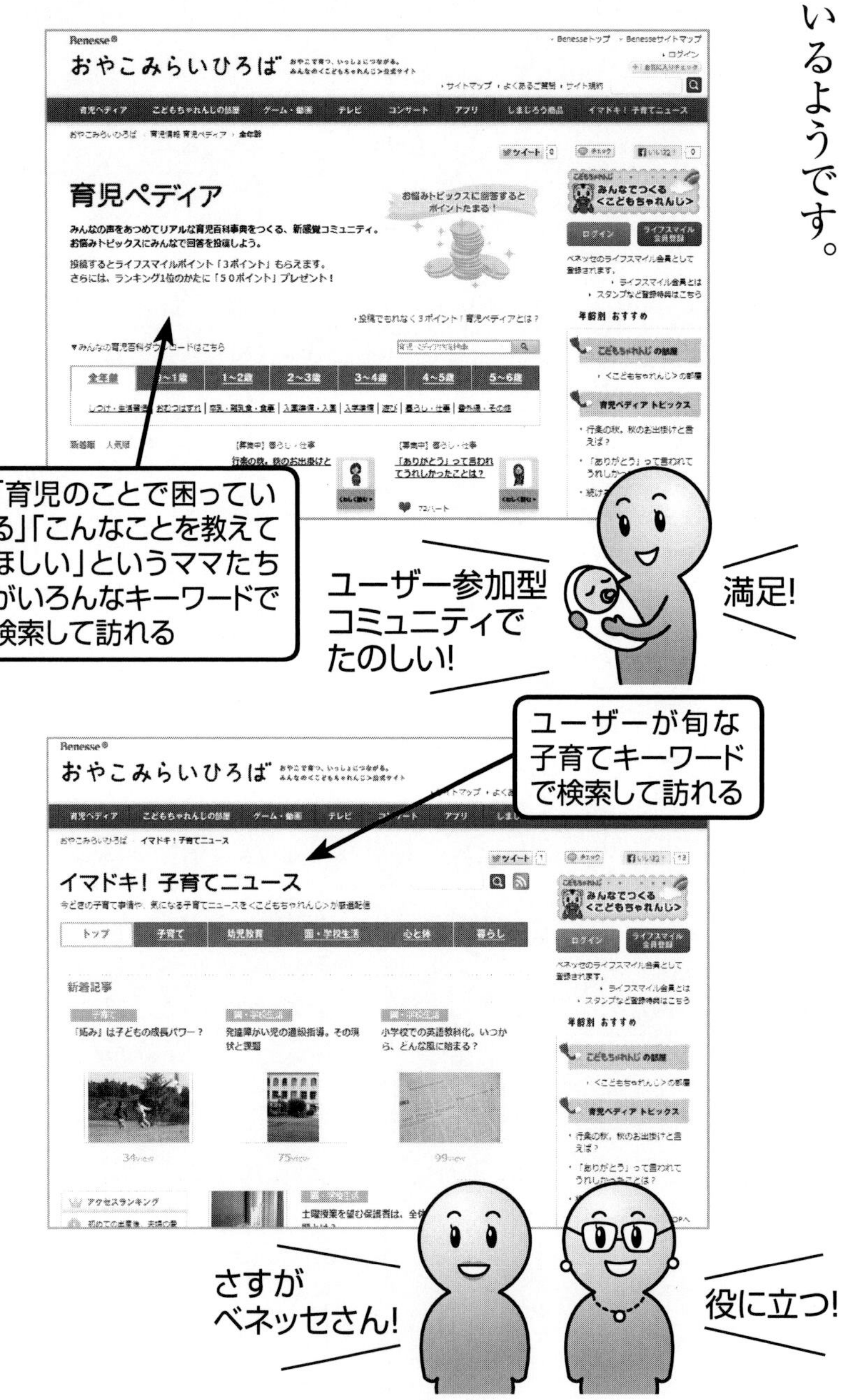

「育児のことで困っている」「こんなことを教えてほしい」というママたちがいろんなキーワードで検索して訪れる

ユーザー参加型コミュニティでたのしい!

満足!

ユーザーが旬な子育てキーワードで検索して訪れる

さすがベネッセさん!

役に立つ!

TOEIC®

事例

## キーワード検索で世の中の需要を把握。英語コンテンツ企画のコツ

ユーザーに役立つコンテンツを作っていくことは大切なこと。でもその前に、時間をかけてキーワード選定をしっかり行っておくことが大事です。キーワード選定を行うことによって、ユーザーの気持ちを常に把握しようとしている事例です。

英語のコミュニケーション能力を評価するTOEIC®プログラム（TOEIC®テスト、TOEIC®スピーキングテスト／ライティングテスト、TOEIC Bridge®）は、世界約150カ国で行われ、年間約700万人が受験する世界共通の英語テストです。日本における2012年度のTOEIC®プログラム受験者数は252万人にのぼり、受験を推奨する企業や学校も増えています。また、最近では「話す・書く」英語力のニーズが高まり、TOEIC®スピーキングテスト／ライティングテストへの注目も高まっています。

TOEIC is a registered trademark of Educational Testing Service (ETS).
This publication is not endorsed or approved by ETS.

日本でTOEIC®プログラムを実施・運営する一般財団法人国際ビジネスコミュニケーション協会が、サイトをオープンしたのは十数年前。2005年にはネット上で受験申込や結果確認ができる会員登録サービスをスタートしました。現在は「TOEIC®公式サイト」のほかに、会員向けのコンテンツサイト「TOEIC® SQUARE」も開設しています。

「TOEIC® SQUARE」サイトでは、英語力を高めたいと考えるユーザーやグローバルビジネスに関心の高いユーザーにとって役に立つコンテンツを掲載しています。コンテンツの中では、英文メールのテンプレート集などが、サイトへの検索流入数を増やしている人気コンテンツです。また、最大のヒットコンテンツは、ポッドキャストとスマホ用アプリの「TOEIC® presents English Upgrader®」です。iTunes Storeのポッドキャストカテゴリで総合1位を獲得した成果もあり、これまでTOEIC®のサイトを知らなかった層が、検索エンジンからサイト訪問してくれるようになりました。

サイト担当者は「見る人にとって役に立つコンテンツを作りたいという気持ちが強いですが、SEOやキーワードも意識しています。特にリニューアルなどのタイミングでは、SEOに適した構造でサイトを見直すようにしています」と語ります。

キーワードについて同担当者は「英語というキーワードひとつとっても、検索したときの順位は1ページ目になったり、20番台に落ちたりと変動があります。同時に、英会話、ビジネス英語などの関連するワードを意識することも大切です。さらに大事なのは、スモールキーワードにも意識を向け、世の中の流れをつかんでおくことだと思います。1つは検索ボリューム。グーグルアドワーズのキーワードプランナーでユーザーの関心をチェックしています。もう1つは検索ボリュームの推移。グーグルトレンドを利用して、検索数が最近増えているのか、減っているのかを見ています。このように、日ごろからキーワードを意識しておくことによって、ユーザーが求めるコンテンツ、検索されるコンテンツを企画できます。ただし、検索ワードは1つの要素にすぎません。担当スタッフ全員で、さまざまな側面からユーザーの動向や、世の中のニーズを把握しておくことが不可欠です」と話しました。

## TOEIC®

TOEIC® 公式サイト
TOEIC
TOEIC® official site
世界につながる・・・
TOEIC®テスト
TOEIC® SWテスト
TOEIC Bridge®テスト
TOEIC®公開テストスケジュール
URL http://www.toeic.or.jp/
TOEIC+受験に関するキーワードで検索
ユーザー

TOEIC® SQUARE
TOEIC SQUARE
キーワード選定などを行い、常にユーザーのニーズを把握することで、役立つコンテンツを企画
グローバルビジネス
教材・サポートツール
あなたにぴったりなアドバイスを見つけよう
TOEIC SQUARE Slider
TOEIC 最新ニュース
ログイン/会員登録（無料）
URL http://square.toeic.or.jp/
TOEIC+英語学習やグローバルビジネスに関するキーワードで検索
ユーザー

# 訪問者を集めるサイトを企画しよう

## 総合サイトか専門サイトか

サイトを企画するときに、あなたの会社で取り扱っている商品、サービスをすべて網羅するような総合サイトを作るか、または単一商品、単一サービスに絞った専門サイトを作るかは、大きく悩むところでしょう。総合サイトにすれば、基本的にはサイト数は１つだけ。サイトの運営、管理がシンプルです。ページ数も多くなりますし、さまざまなキーワードがサイト内に盛り込まれることになり、一見すると、ＳＥＯ的に有利に見えます。

しかし、中小企業がこれからインターネットビジネスに取り組もうとする場合、総合サイトで勝負しようとすると、すでにある多数のライバルサイトが見つかるでしょう。楽天、アマゾン、ヤフーなどの大手企業が検索上位を独占している場合もあります。商材にもよりますが、私は、専門サイトをおすすめします。専門サイトは、特定のキーワードを1つ決めることから始まります。

たとえば、ペット用品をすべて扱う総合サイトではなく、犬だけに絞り、「ドッグ用品専門店」とします。犬というのも種類が多いので、トイプードルだけ、柴犬だけ、パグだけというふうに犬種で絞っていく方法もあります。ドッグフード、お散歩用品など、商品で絞っていく方法もあります。ニッチな専門サイトになればなるほど市場は狭くなります。月間検索数やライバルサイトなどを調べて、「どのくらいの市場があるか」「自社にチャンスはあるか」などを調査してください。検索上位に大手が参入していない、キラーキーワードに出合えるかもしれません。

## 総合サイトと専門サイトの比較

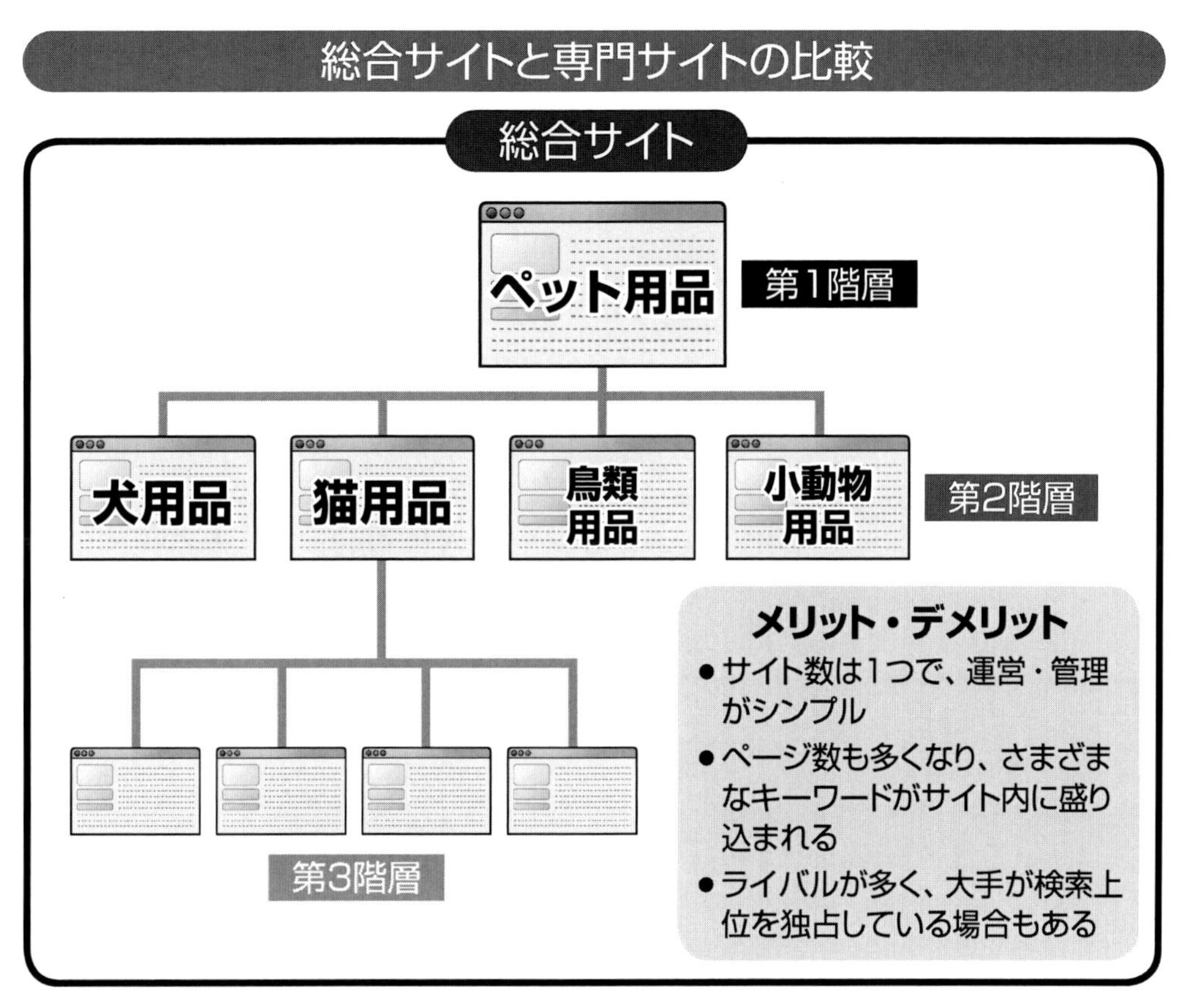


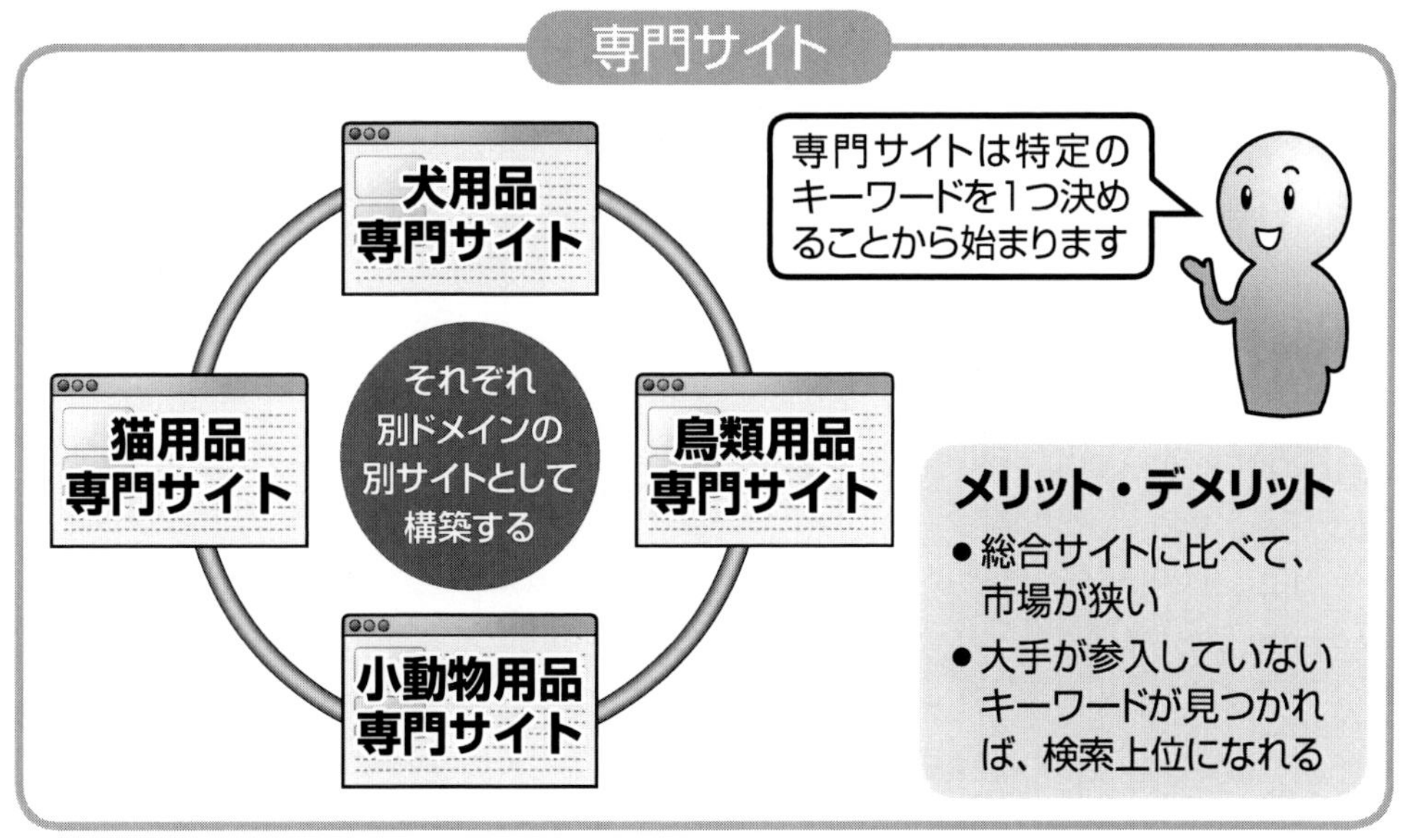

ハンコヤドットコム

## 専門サイトでビッグキーワード印鑑を攻略

専門サイト35店舗を展開し、それぞれの専門サイトで上位表示を目指している事例です。コンテンツも重要視。「印鑑うんちく辞典」は、国会図書館に登録されています。

大阪に本社のある株式会社ハンコヤドットコム。1998年に創業し、印鑑のインターネット通販を始めた会社です。代表取締役の藤田優氏は「印鑑は、ものすごく売りにくい商材です。まず、他社との差別化を打ち出しにくいという難しさがあります。それにどんなに素晴らしい印鑑を作って一生懸命に提案しても、必要がなければ買ってもらえません。食品や衣料品なら2度、3度と繰り返し買ってもらえますが、印鑑はどんなに気に入ってもらっても、1人で何個も買うような商品ではありません。リピート購入が期待できないので、メルマガやDMで売るという戦略も使えません」と振り返ります。「ただし印鑑は、結婚、会社設立、自動車購入、相続など、特定のタイミングでは確実に必要となる商材。誰かが検索したときに、真っ先に出会えることが大事です。ＳＥＯを行い、常に検索上位でお客様をお待ちするために、創業以来15年に渡り、ＳＥＯの研究をしてきました」。

ハンコヤドットコムの場合、専門サイトにしたことが成功のポイントです。本店となる「ハンコヤドットコム」を筆頭に、「女性向けはんこ専門店」「チタン印鑑専門店」「シャチハタ専門店」「ゴム印専門店」などと徐々に店舗数を増やし、２０１３年９月現在で35店舗の専門サイトを運営してます。藤田氏は「なんでもかんでも専門サイトにすればいいわけではありません。専門サイト化して成功できるかどうかの判断基準があります。たとえば、検索数、表示回数、転換率などのアクセス解析は欠かせません。他にも競合調査や市場調査なども行い、戦略を練っています」とアドバイス。一つ一つ商材を吟味し、15年かけて構築してきた専門サイト化の戦略を、藤田氏はランチェスター的ＳＥＯ戦略だと考えています。

専門サイトを複数立ち上げると、サイトの運営に手がかかる煩雑さだけでなく、1サイトあたりのページ数が少なくなることも不安材料となります。そこをカバーするのが読み物コンテンツです。ハンコヤドットコムのサイトには、「オリジナルコンテンツ」というコーナーがあり、「印鑑うんちく事典」「印鑑登録等のお役所手続き事典」「意外と知らない行事・催事記事典」などのお役立ちコンテンツが充実しています。先ほども書いたとおり、現在「印鑑うんちく事典」は、国会図書館のホームページに登録され、ハンコヤドットコムのサイトへのリンクが張られています。「印鑑登録等のお役所手続き事典」は、税理士、司法書士、会計士などからのリンク、閲覧が多く、コンテンツ面でのＳＥＯも万全となっています。

ハンコヤドットコム
URL http://www.hankoya.com/
「キャラクター　印鑑」で検索
ユーザーA
「チタン　印鑑」で検索
ユーザーB
キャラクター印鑑専門店
チタン印鑑専門店
ハンコヤドットコム本店
ゴム印専門店
おしゃれはんこ専門店
シャチハタ専門店
「ゴム印」で検索
ユーザーC
「おしゃれ はんこ 女性 印鑑」で検索
「シャチハタ」で検索
ユーザーD
ユーザーE

# 事例で検証！役立つコンテンツの条件とは

## コンテンツの正体

サイトには、商品情報、サービス情報だけでなく、ユーザーに役立つようなコンテンツも充実させましょう。コンテンツとは、日本語に訳すと「中身」や「内容」という意味になります。ウェブコンテンツの場合、当然、画像、動画、音声、ゲームなどもコンテンツに含まれます。

ＳＥＯの観点で考え、グーグルのロボットに評価されることを目的にする場合は、テキストのほうが有利です。テキストコンテンツがグーグルに評価され、検索エンジンの上位に表示されれば、新しいユーザーと出会える可能性が広がります。

一方、ユーザーに役に立つコンテンツにするために、動画を取り入れる場合もあるでしょう。動画コンテンツがユーザーに評価され、いろんなサイトで評判になれば、リンクが増え、結果として上位表示につながることもあります。テキスト、動画、画像など、目的に応じて、いろいろなタイプのコンテンツを使い分けましょう。どんなタイプのコンテンツにするかよりも、コンテンツの中身が重要なのです。コンテンツを企画するときのポイントを３つ書いてみます。

### 検索されるコンテンツ

インターネットは検索のためのツールです。調べたいことがあって検索する人、欲しいものがあって検索する人、困ったことを解決したくて検索する人。検索の目的はいろいろありますが、ユーザーに求められているコンテンツであることが大事です。

### 役に立つコンテンツ

「解決したい問題があって検索し、ようやくたどり着いたサイトが、まったく役に立たなかった」という経験はありませんか？　ユーザーに喜ばれるためには、ユーザーの立場に立ってユーザーの課題を解決できるコンテンツであることが大事です。

## オリジナルコンテンツ

似たような情報があちこちのサイトに書かれている場合もあります。価値の高いコンテンツは、サイト運営者にしか答えられない内容の濃いコンテンツです。サイト運営者の体験が盛り込まれているようなコンテンツや、同じ悩みを持つ人の体験談が書かれているサイトなども、世界に1つだけの情報となります。

この後、コンテンツ重視のウェブ戦略をとっている企業、ECサイトの事例を複数ご紹介します。コンテンツとは何かを理解し、あなたが今後、どんなコンテンツを作っていったらいいかを考える際のヒントにしてください。どの事例にも共通しているのは、目的を持ってコンテンツを企画・制作している点です。単にコンテンツを作ればいい、という考えではなく、お客様にどう動いていただくか、将来的なゴールをどこに置くかなどが練られています。参考になればうれしいです。

クオカ

事例

## 見込み客に選ばれるレシピ。購入していただくための仕掛けとは？

役立つコンテンツの事例です。コンテンツの目的、役割を明確にすることによって、他社のレシピとの差別化に成功。本物志向のお客様だけを集め、購入につなげている事例です。

お菓子作りパン作りの材料と道具の専門店「クオカ」。クオカのサイトでは、月に30～50種類の新商品を発表すると同時に、月20本のペースでレシピを公開しています。レシピコンテンツは、インターネット上でも飽和状態。「クックパッド」には150万以上のレシピが掲載され、メーカー各社のサイトでも多数のレシピが掲載されています。そのような激戦区の中でクオカが発信するレシピには、どんなこだわりがあるのでしょうか。

「通販サイトである以上、購入につなげることも視野に入れなければならない」と語る代表取締役の斎藤賢治氏。集客と転換という2点でレシピを考えました。集客の面では、どんな人を集めるかがポイントです。自宅にある材料で作るお菓子ではなく、もっと本格的なお菓子を作りたいと思っている人（見込み客）と出会うためのレシピが必要です。クオカでは、スタッフが社内のラボと呼ばれるスタジオで日々研究を重ね、生み出されたオリジナル新作レシピだけを厳選して掲載しています。検索上位に表示されている主婦が作ったレシピなどをスクロールしてでも、クオカのレシピを見つけてくれるような本気度の高いお客様を待つことにしました。クオカのレシピは、集客数を稼ぐためのコンテンツではなく、「見込み客に選ばれるためのコンテンツ」を目指しているのです。

来てほしい人にサイトに来てもらえるようになったら、次は転換です。クオカのレシピには、購入につながる仕掛けがあります。1つはレシピから商品ページへのリンクです。レシピに使用している材料と道具はすべてクオカの取扱商品です。リンクは商品ページへの直リンクを張りました。「わあ、おいしそう。これ作りたい」と思った人が、レシピの材料をまとめて購入できるように「まとめてカートに入れる」のボタンも用意。衝動買い、まとめ買いの機会を逃さないように工夫しています。さらに、迷っている人を後押しするのが「みんなのクチコミ」です。人気商品「よつ葉フレッシュバター」には、600を超えるクチコミがついています。クオカのレシピは、単に集客することが目的なのではなく、本格的なお菓子を作りたいと思っている人だけを集め、購入に結び付けるための中継コンテンツの役割を担っているのです。

「cuoca」は、イタリア語で「料理の上手なお母さん」という意味。斎藤氏は「私たちは、お菓子作りをもっとおいしく、もっと楽しくしていきたい。日本中の子ども達が『お母さんのが一番おいしい』と思うような世の中を作っていくことがミッションなんです。そのミッションを達成するためには、良いコンテンツ、きれいなページを用意するだけではダメなのです。実際に購入していただき、道具を使ってお菓子を作ってもらって、食べてもらって、『これ、おいしいね』って言ってもらって、初めて仕事の半分が終わるのです。買っていただかないと、何も始まらないのです」と語ります。ターゲットを絞り、根強いファンをつかんでいるクオカのリピート率は80%。クオカの道具は親から子へと受け継がれ、世代を超えたリピーターまで育っています。

## クオカ

URL http://www.cuoca.com/

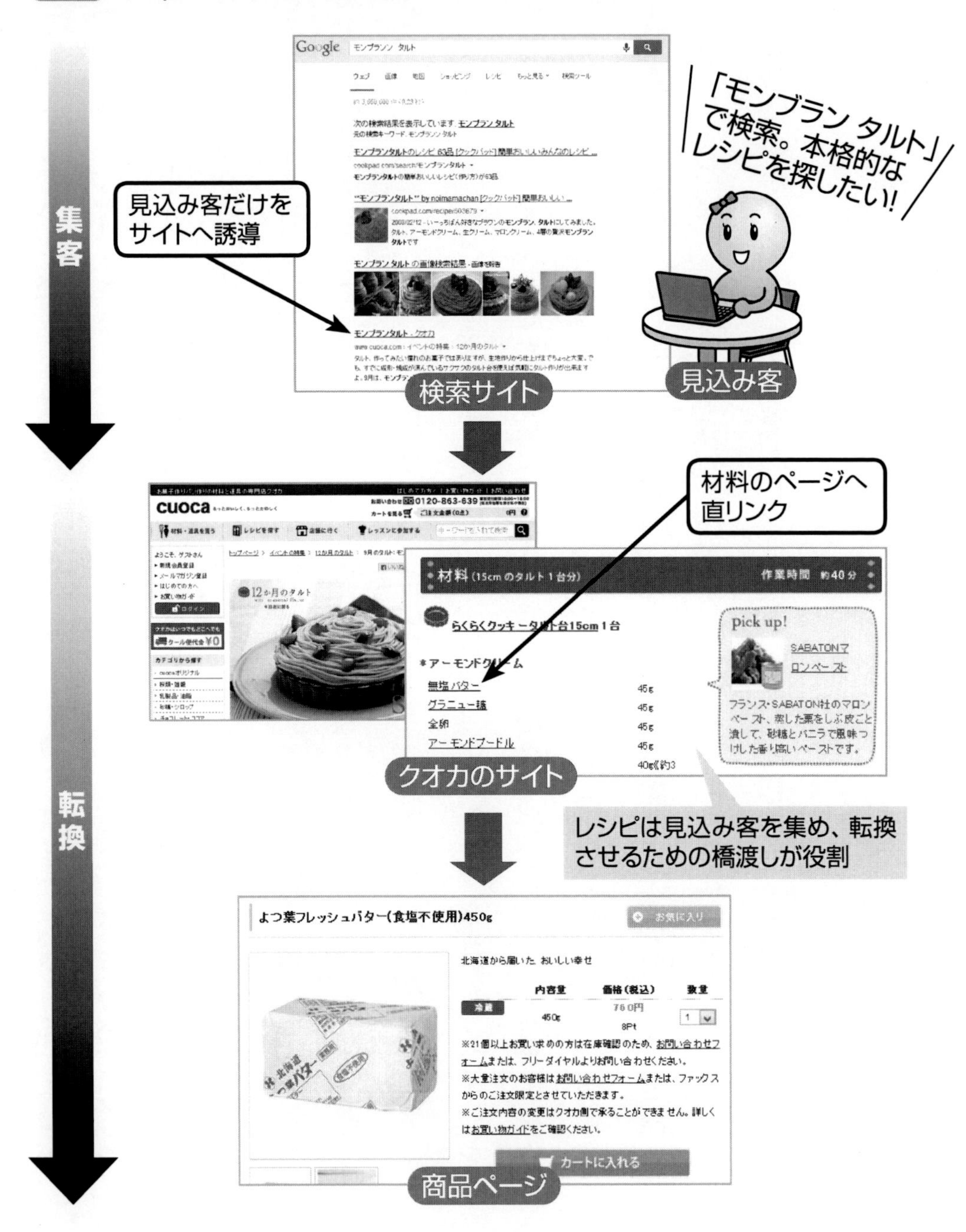

らくらく貿易

## 辞書は検索されるコンテンツ、コラムは役立つコンテンツ

用語集は検索されるコンテンツの代表例。単なる用語集ではなく、プロが書く用語集を作っている点もポイントです。集客目的の用語集コンテンツと、ファン化を目的としたコラムを両輪としたサイト運営をしています。

大手商社、部品メーカー、個人事業者など幅広い業種・業態で貿易実務の仕事に携わっている人を対象に、関連情報を掲載しているポータルサイト「らくらく貿易」。２０１１年にスタートした新しいサイトながら、「貿易実務」と「貿易用語」という狙い通りのキーワードで、検索結果の１ページ目の表示位置をキープし続けています。

「らくらく貿易」を企画・運営する株式会社スキーマ代表取締役の猪熊洋文氏は、短期間に上位表示を実現できた理由を、２つのコンテンツに力を入れた成果であると分析しています。１つ目のコンテンツは「貿易用語集」です。２０１３年８月現在で、貿易用語約500個の解説文が掲載されています。「検索されるキーワード」が盛り込まれていることは当然のこと。この用語集は、貿易実務に携わって35年以上の経験がある専門家（株式会社プロアイズ代表取締役の吉冨成一氏）が、丁寧に原稿を書いていることが特徴です。インターネットや書籍を調べて素人が作った用語集と違って、貿易の仕事に携わっている実務者にとって、真に役立つ用語集を目指して作成されています。

2つ目の重要なコンテンツはコラムです。用語集から「らくらく貿易」を訪問してくるユーザーは、人数的に多い反面、用語の解説を読んで直帰してしまうケースも多いそうです。対策として力を入れているのが「貿易実務コラム」と「海外展開コラム」です。こちらのコラムも実務経験豊富な吉冨氏と仕事仲間の方が協力し、内容の深いコラム、最新情報を定期的に更新しています。

用語集が、用語の数を増やし、集客のきっかけ作りのコンテンツだとすると、コラムは滞在時間を延ばしファンを増やすためのコンテンツと役割が明確です。どんなコンテンツでもいいから増やせばいいというわけではなく、目的や役割を決めてコンテンツを増やすことが重要だと猪熊氏は振り返っています。

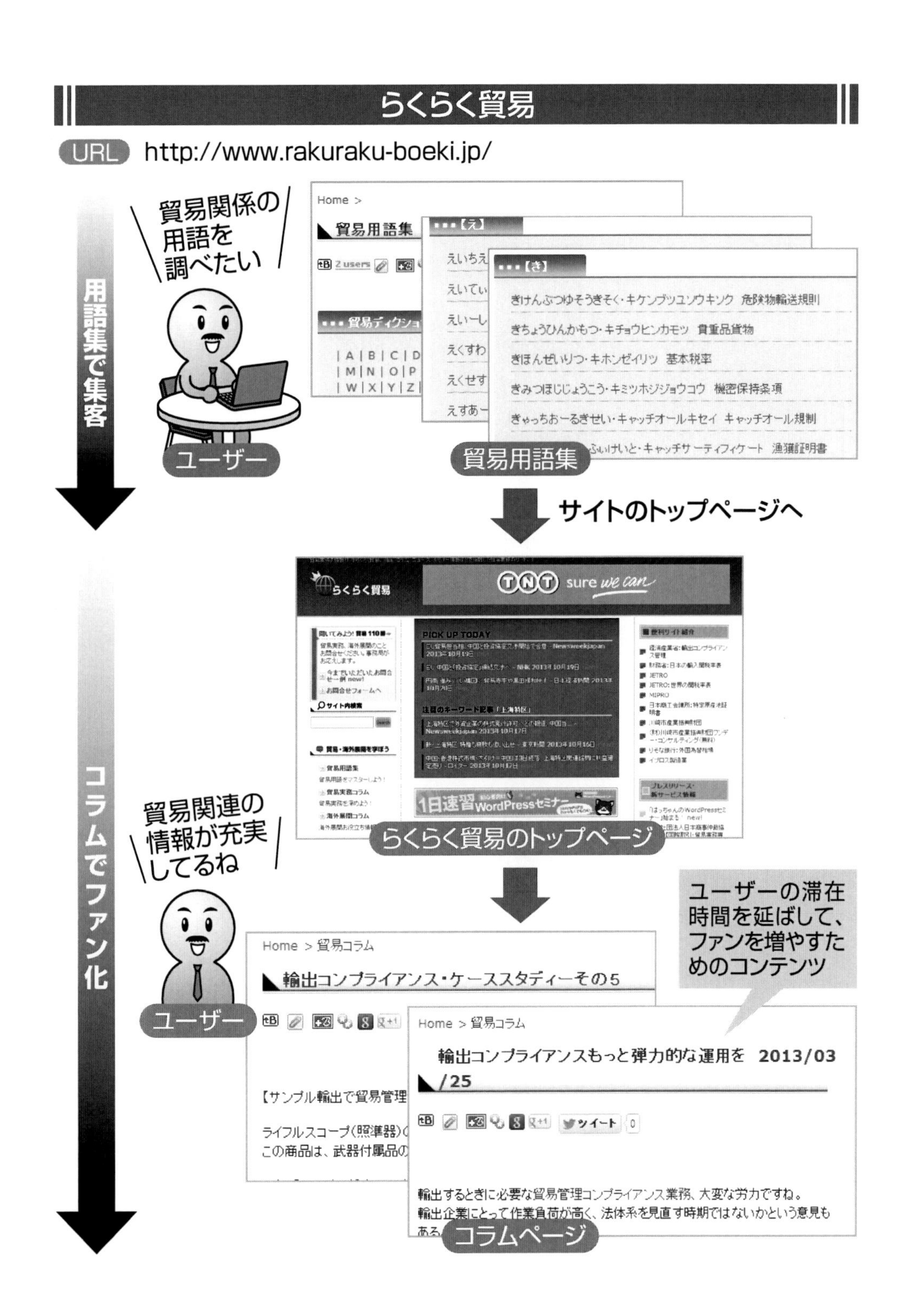

らくらく貿易
URL http://www.rakuraku-boeki.jp/
用語集で集客
貿易関係の用語を調べたい
ユーザー
貿易用語集
サイトのトップページへ
らくらく貿易のトップページ
コラムでファン化
貿易関連の情報が充実してるね
ユーザー
ユーザーの滞在時間を延ばして、ファンを増やすためのコンテンツ
コラムページ
Home > 貿易コラム
輸出コンプライアンス・ケーススタディーその5
Home > 貿易コラム
輸出コンプライアンスもっと弾力的な運用を 2013/03/25
輸出するときに必要な貿易管理コンプライアンス業務、大変な労力ですね。
輸出企業にとって作業負荷が高く、法体系を見直す時期ではないかという意見も

## 獣医師のお悩み解決コラムで信頼度アップ

獣医師のお悩み解決コラムが、愛犬家から検索され、来院につながっている事例です。書き手が獣医師である点が権威付けになっています。

横浜市青葉区の動物病院「キュティア老犬クリニック」は、2010年に設立。代表取締役の猪熊洋文氏は、獣医師とともに、設立当初から他の動物病院との差別化を考え、介護医療、整体を取り入れた緩和ケア・リハビリ医療サービスをシニア犬・老犬に絞って展開しています。犬の中でも特にシニア犬・老犬を飼う人が検索で病院を見つけ、遠くから車で訪れる人も増えています。サイトもテキストを多く盛り込み、SEOにも注力しています。

サイトからの集客も多いという猪熊氏は「うちに来る人は、最初から『動物病院』とは検索しません」と話します。犬を家族のように大切にしている人は、犬の調子が悪くなると「犬　食べない」「犬　立てない」「犬　寝たきり」「犬　痴呆症」「犬　床ずれ」などの悩みをそのままグーグルの検索窓に入力していることがわかってきました。

「キュティア老犬クリニック」のサイトには、獣医師のコラムが掲載されています。内容は「老犬の生活」「老犬の食事」「老犬の痴呆症」「老犬のリハビリ」など、愛犬家が知りたい情報ばかりです。ページのタイトル、本文には、検索キーワードがしっかり盛り込まれています。「犬　食べない」と検索した人が「老犬の食事」のページにたどり着くのが理想です。

愛犬の調子が悪く「犬　立てない」と検索したとき、同じような症状の犬を見つけただけでも安心感につながるものです。飼い主が書くブログなどが多い中、たまたま見つけたサイトが動物病院のサイトで、しかも獣医師が直接書いたコラムが掲載されていたらどうでしょう。獣医師（専門家）の肩書が付くと、ユーザー心理として、信頼度、安心感が高くなります。月に1度発行されているメールマガジンから、獣医師のコラムだけを抜き出してサイトに掲載しているのも、ユーザーへの安心感を高めるためのひと手間なのです。獣医師のコラムが集客（検索）にも役立ち、そのまま成約（来院）につながっているのです。

## キュティア老犬クリニック

ブルーミングスケープ

## 事例　お客様が作りだす！究極のオリジナルコンテンツ

コンテンツとして「お客様との掲示板（ＦＡＱ）」に着目した事例です。お客様同士が織りなすやり取りをコンテンツとして掲載することによって、ユーザーにとって何よりも役立つコンテンツとなりました。検索されるキーワードもばっちり盛り込まれています。

「お客様のことを第一に考えてコンテンツを作っていたら、いつからか、お客様がコンテンツを作ってくれるようになったんです」。福岡で観葉植物のお店「ブルーミングスケープ」の代表取締役を務める大塚雄一氏は、東京の大手フラワーショップで3年間勤務した経験を活かし、１９９3年にインターネット通販サイト「ブルーミングスケープ」を立ち上げました。観葉植物の育て方は、植物ごとに異なります。熱帯地方で太陽に葉を向けて育つ植物もあれば、日陰を好む植物も。商品を売るだけではダメ。育て方も伝えなければ役に立てないと考え、大塚氏は観葉植物の商品ページを1ページ制作するたびに、育て方のページもセットで制作することに決めました。ここから「お客様第一主義」「コンテンツ重視」のショップ運営が始まります。

お客様からの質問を受け付けるために作ったのが、育て方Q＆Aの「ガーデニング質問掲示板」。代表の大塚氏自らパソコンに向かい、どんなに忙しくても、自ら回答を書く毎日でした。注文対応に忙殺されてしまったある日、お客様からの質問に対して、別のお客様からの回答が入ります。植物を愛し、お客様との関係を大切に育ててきたことが、奇跡を起こしました。そこからブルーミングスケープの第2ステージがはじまります。

お客様から「他の人の質問や回答を検索できるようにしてほしい」と要望が入ると、ブルーミングスケープでは検索機能を搭載。お客様からの質問と回答をセットにして1ページのコンテンツを生成するシステムを開発。2013年9月には1７000ページを超える、お悩み解決コンテンツが出来上がっています。「1人で作っていたら到底たどり着けないページ数です。植物の名前がキーワードとして散りばめられているこのコンテンツページの量と質が、結果としてSEOに大いに貢献している」と大塚氏は分析しています。

掲示板が盛り上がり、お客様同士のやり取りが活発になればなるほど、ページが増える仕組みです。ページが増えれば、あらゆる植物の検索で、ヒットしやすくなります。植物のお悩みを検索したら、いつでも「ブルーミングスケープ」と出会えるような世界になりつつあるのです。「もともと、インターネットは困ったことを調べるツールです。お客様の手助けになることを考え、質問掲示板だけではなく、招待制コミュニティのＳＮＳや、物々交換の掲示板も作っています。ブルーミングスケープの自慢は、商品ページの何倍ものコンテンツページがあること。それもお客様が作ってくれた宝物のようなコンテンツが何よりも自慢」と大塚氏は総括しました。

## ブルーミングスケープ

URL http://www.bloom-s.co.jp/

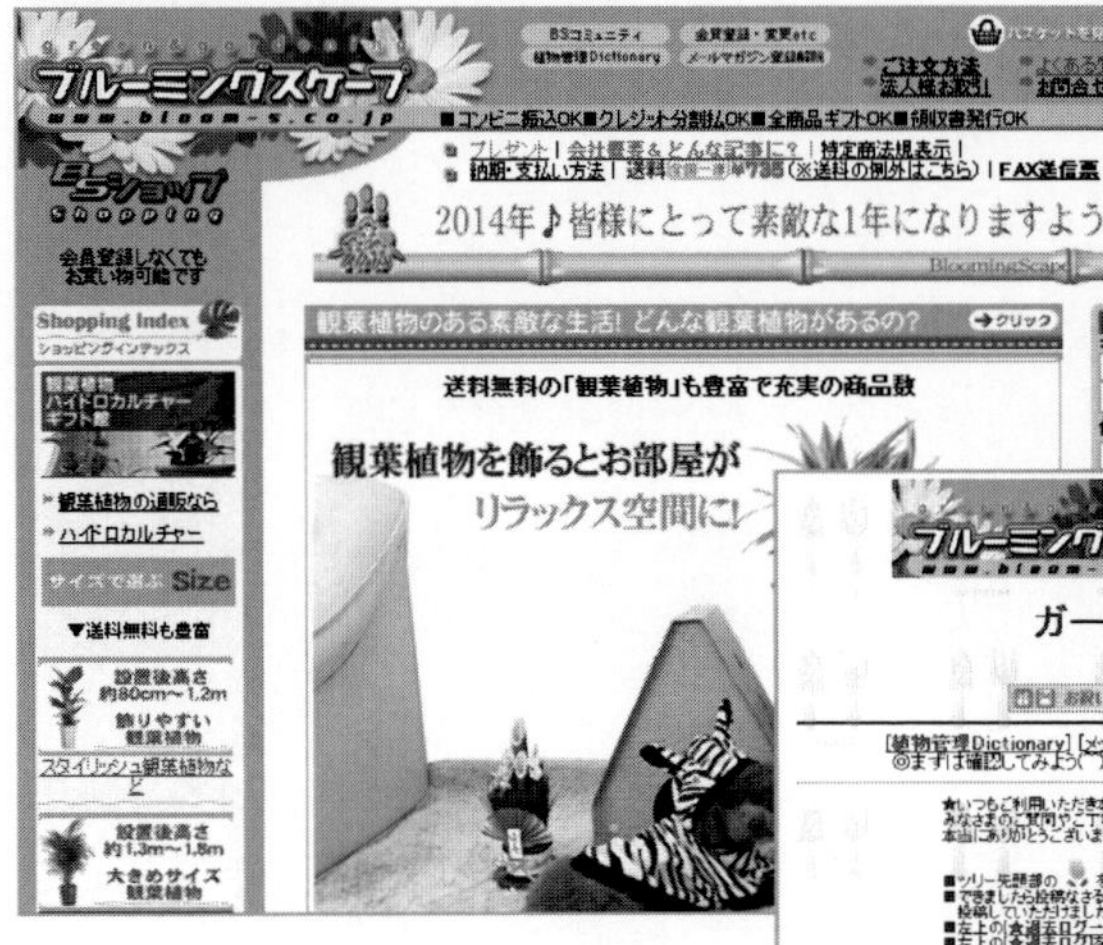

「パキラ」で
検索すると・・・

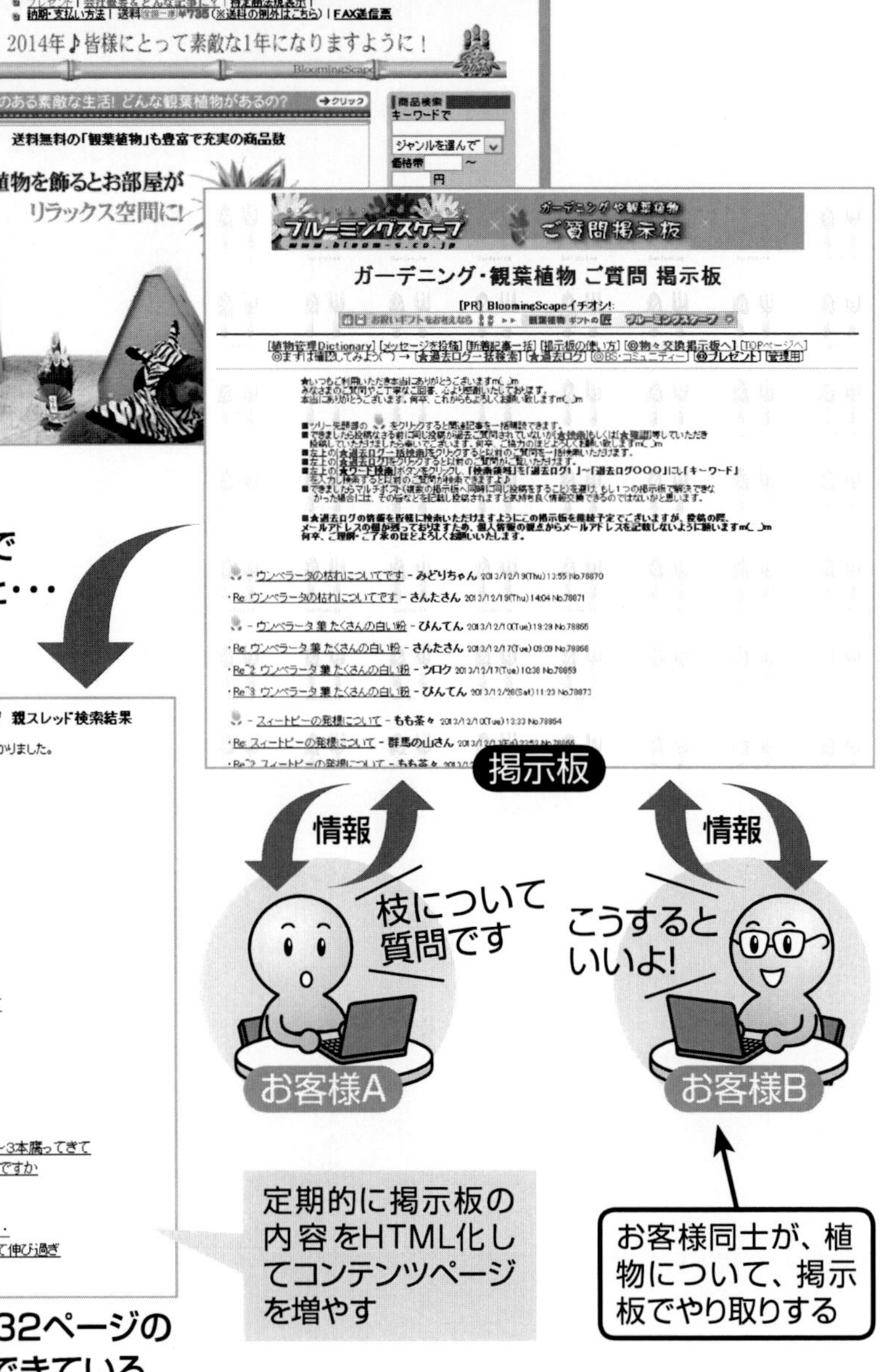


パキラだけで632ページの
コンテンツができている

スモーク・エース

事例

## メディアも注目！躍進のカギを握った「お客様の声プロジェクト」

コンテンツとして「お客様の声」に着目した事例です。社員が一致団結して「お客様の声プロジェクト」を盛り上げた結果、メディアから注目され、「スモーク・エース」というブランド名で検索されるようになりました。

宮崎地鶏を扱うネットショップ「スモーク・エース」。代表取締役の穴井浩児氏が、最も力を入れているコンテンツはお客様の声です。「お客様の声には、ものすごいパワーが秘められているんです」と穴井氏は熱く語ります。「お客様の声は、商品開発のヒントになります。こんな商品が欲しい、味が……など、お客様の声から生まれた商品もあります。うれしい声は、スタッフのモチベーションを引き上げ、会社の雰囲気を明るくします。サイトに掲載すれば、サイトに賑わい、人気（ひとけ）が出て、売れる理由につながります。お客様の声からヒントを得て、キャッチコピーを作ったこともあります。ソフトベーコンの感想で『50年に一度の味』というフレーズを見つけたときは震えました」とお客様の声の効能は多いと言います。

スモーク・エースでは、2011年にサイトをリニューアルし、「お客様の声プロジェクト」を始動。お客様の声を、ハガキ、ポラロイド写真、動画、ブログ、メール、お便りの6つのコーナーに分類し、スタッフ全員で徹底的に声を集めました。6つのコーナーに分けてサイトに掲載することによって、コンテンツとしての厚みも出ます。穴井氏は、ネットに詳しくないスタッフでも簡単に声をアップできるようにと、ワードプレスを導入。6つのブログとして管理することにしました。ブログ形式なので、タイトルを入れ、写真を入れ、本文をテキストで入力して登録するだけ。現在、トータルで2200以上の声がサイトに掲載されています。

リニューアル後の「スモーク・エース」は、「お客様の声プロジェクト」を中心とした情報発信型のサイト運営に方針転換。「経営者の考え方ブログ」「メルマガ」「フェイスブック」などで、安心、信頼につながる情報だけをコツコツ発信したことが功を奏し、グーグルでも評価されたのでしょう。メディアの目に触れ、短期間でテレビや雑誌に取り上げられたのです。大手ビールメーカーとのコラボレーションも実現し、大きな成果が出ています。穴井氏は「メディアに取り上げられると、『スモーク・エース』とブランド名で検索してもらえます。他社と比較されることもなく、大きな売上げにつながります。新しいお客様の声も集まり、サイトに活気が出て……こうしたプラスの循環を生み出したのは紛れもなくお客様の声プロジェクトだと確信しています。ブランド名で検索されることが、自分たちが目指すSEOです」とまとめました。

## スモーク・エース

URL http://www.smokeace.jp/

お客様の声プロジェクト

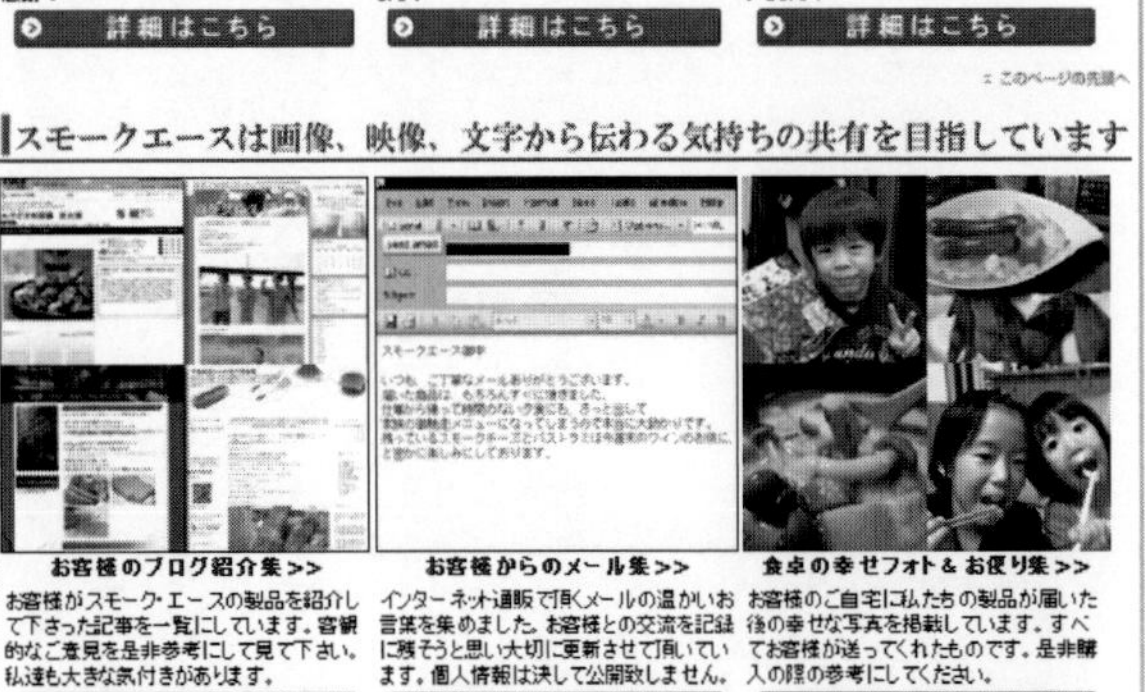


6つのコーナーでお客様の声を発信（ワードプレスのブログ）

ドゥ・ハウス

## 事例 クチコミは最良のオリジナルコンテンツ

クチコミは、他社サイトと絶対に重ならないオリジナルコンテンツです。クチコミの老舗ならではの最新のクチコミ活用術も紹介しています。

新商品や話題の商品をモラえて、タメせるサイト「モラタメ」は、商品を通して、生活者と企業を結び付けるサービスを提供しています。企業が自ら生活者と接点を持ち、良質なクチコミを集めようとしても、効率的に進めるのは難しく、社員の負荷も高くなりがちです。そのような中、「モラタメ」を利用して生活者の生の声を集めようと考える企業が増えています。

「モラタメ」を運営する株式会社ドゥ・ハウスは１９８０年に事業を開始。インターネットが普及するよりもずっと以前から主婦を中心としたネットワークを構築し、マーケティングリサーチなどのサービスを行ってきました。現在、５５０万人の生活者ネットワークを抱えるドゥ・ハウスの取締役である舟久保竜氏は、クチコミこそ最良のコンテンツであると語ります。

クチコミとは、生活者から生活者へと伝えられる情報のことです。商品に対する評価、体験談などが含まれ、インターネットの普及によってクチコミの影響はますます大きくなっています。生活者にとっては、商品を選ぶための材料になり、企業にとっては商品開発のヒントになります。舟久保氏によると「良質なクチコミ情報を集めるためには、コツがあります。たとえばある商品の非ユーザーに忌憚のないご意見を問うと、8割はネガティブな発言が出てくるものです。それよりも、商品を利用・使用している生活者のリアルな行動に即した、ポジティブな感想を集めることが重要です」と語ります。

ドゥ・ハウスでは、クチコミが掲載されていくステージとして、企業のフェイスブックページにも着目しています。企業のフェイスブックページに、商品情報や企業活動を掲載するのは簡単です。ドゥ・ハウスでは、生活者のブログ、フェイスブックなどに書かれている「商品に関する記事、体験談」などを検索し、書き手（生活者）に連絡を入れます。「あなたが書いた記事を、企業のフェイスブックページで紹介してもいいですか?」と許可を得るのだといいます。企業にとって記事や体験談は、「生活者のリアルな行動に即した、ポジティブな感想」、つまり舟久保氏が定義する「良質なクチコミ」です。ブロガーオーナーである生活者にとっては、自分の何気ない日常のつぶやきに光が当てられた瞬間であり、時に大きな驚きと感動を覚えてくださるのだと言います。

企業が、良質なクチコミを集め、役立つコンテンツを発信していくためには、ドゥ・ハウスが行っているような地道なリサーチと、丁寧なコミュニケーションが必要です。商品の感想だけでなく、生活のどんなシーンで活用され、どんなエピソードを生み出したのかということは、企業発信のコンテンツではなかなか描けません。生活者が自ら体験して、ふと吐き出す言葉の中にこそ真実があり、生活の中から生まれるクチコミこそ、人を動かす原動力となるのです。企業がコンテンツを考える上で、クチコミの活用は外せないのではないでしょうか。

## ドゥ・ハウス(モラタメ)

URL http://www.moratame.net/

「モラタメ」を利用して生活者の生の声を集めようと考える企業が増えている

## ドゥ・ハウス(聞く技術研究所)

URL http://kikulab.jp/

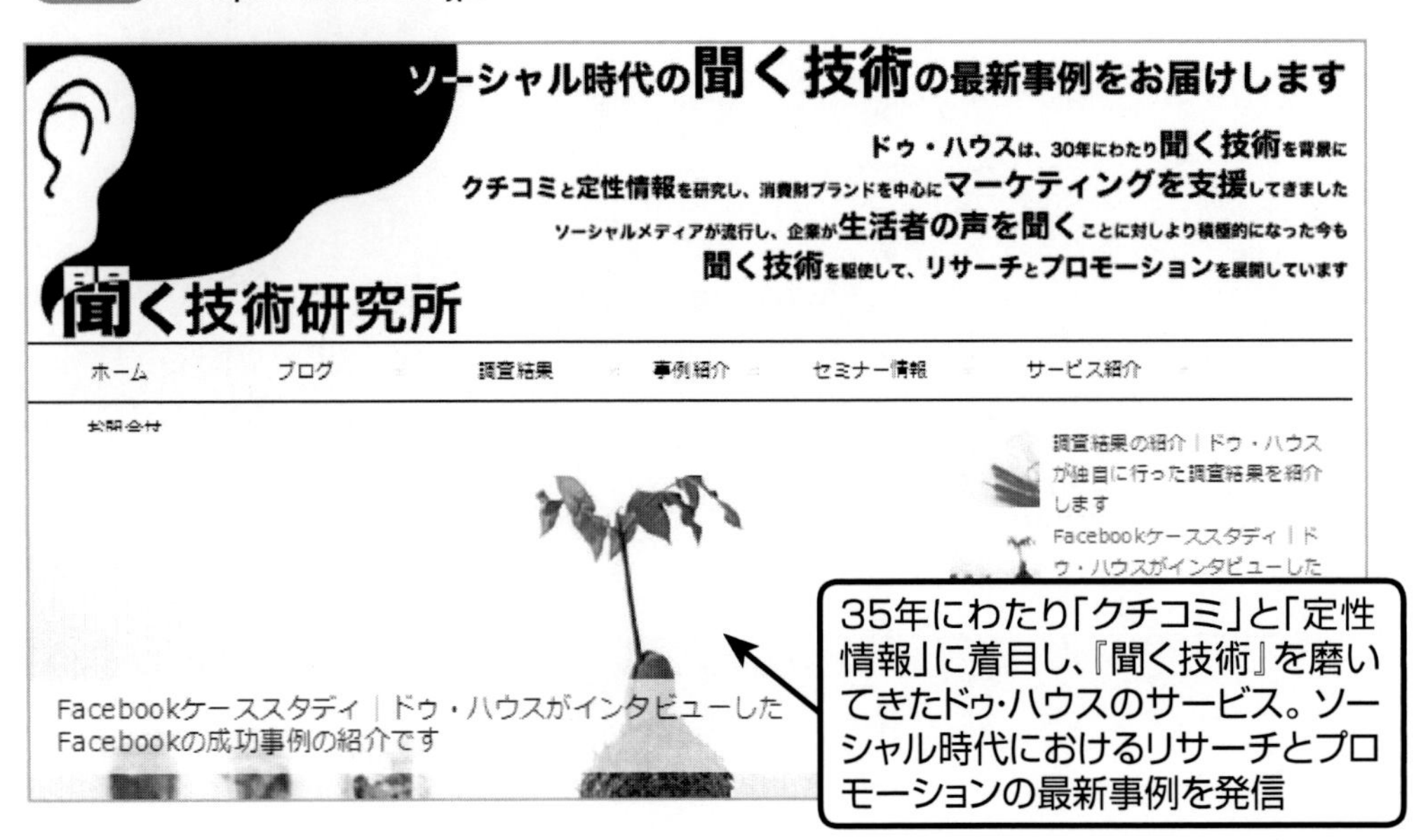


35年にわたり「クチコミ」と「定性情報」に着目し、『聞く技術』を磨いてきたドゥ・ハウスのサービス。ソーシャル時代におけるリサーチとプロモーションの最新事例を発信

# 第2章

# グーグルに好かれるSEOライティング～集客力アップ②～

# ワードプレスで仕事が加速！ コンテンツが作りたくなるための環境整備

## ワードプレスが選ばれる3つの理由

コンテンツをどんどん増やしていくためには、原稿や写真をサイトにアップするための環境を整えておくことが大事です。私は以前、コンテンツを1ページ追加するたびに、サイト制作会社に依頼をして、費用をかけて制作していました。外注することになるので、制作期間もかかりますが、インターネットの世界はスピードが大事です。ということで、今はワードプレス（WordPress）を導入して効率化しています。

ワードプレスとは、誰でも自由に使えるCMS（コンテンツ・マネジメント・システム）です。ブログのような感覚で、コンテンツを増やしていけるので、ウェブ制作に関する知識がなくても大丈夫。「初心者でもインストールが可能」と言われています。ただし、設置する時間がない方、スキルがない方は、ウェブ制作会社などに相談してみてください。数万円でインストールと簡単なデザインまで行ってくれるはずです。

ワードプレスは、もともと作り自体がSEOに有利になっていると言われています。必要に応じて、プラグインと呼ばれるプログラムを追加できる点も魅力です。たとえば「All in One SEO Pack」というプラグインがあります。「All in One SEO Pack」を使うと、titleタグなど、SEOに不可欠なタグを、コンテンツを執筆するような感覚で作っていくことができます。初心者にも扱いやすい、SEOに有利、プラグインが豊富、この3点がワードプレスが選ばれる理由です。

◉ワードプレス

## サイト内ブログVSサイト外ブログ

ワードプレスなどを使うと、サイト内ブログを持つことができます。一方、アメブロなどの無料ブログを利用して、サイト外ブログを持つことも選択肢として考えられます。サイト内ブログとサイト外ブログでは、SEO的にどんな違いがあるのでしょう。サイト内ブログの場合は、自社のドメインの配下にコンテンツを増やしていくことになります。SEO的に内部要素が強くなります。目標キーワードを含んだコンテンツが増えること、またサイト内のページ数が増える点も、SEO的に有利になります。自社ドメインの配下に置いたコンテンツは、将来的に自社の財産になっていきます。

アメブロなどの無料ブログを作ってコンテンツを追加していくと、自社サイトの中にコンテンツが増えることはありません。無料のサービスなので、何かあってコンテンツが消えてしまっても、文句も言えません。ただ、無料ブログから自社サイトにリンクを張ることによって、外部要素的に自社サイトが強くなります。さらに無料サイトに書いたブログ記事自身が、上位表示される可能性もあります。たとえば、あるキーワードで検索したときに、1位が自社サイト、2位が自分のブログ（たとえば、アメブロ）、というふうに、1位、2位を独占するチャンスもあるのです。サイト内ブログ、サイト外ブログのメリット、デメリットを考えて、コンテンツ作りに最適な環境を作ってください。

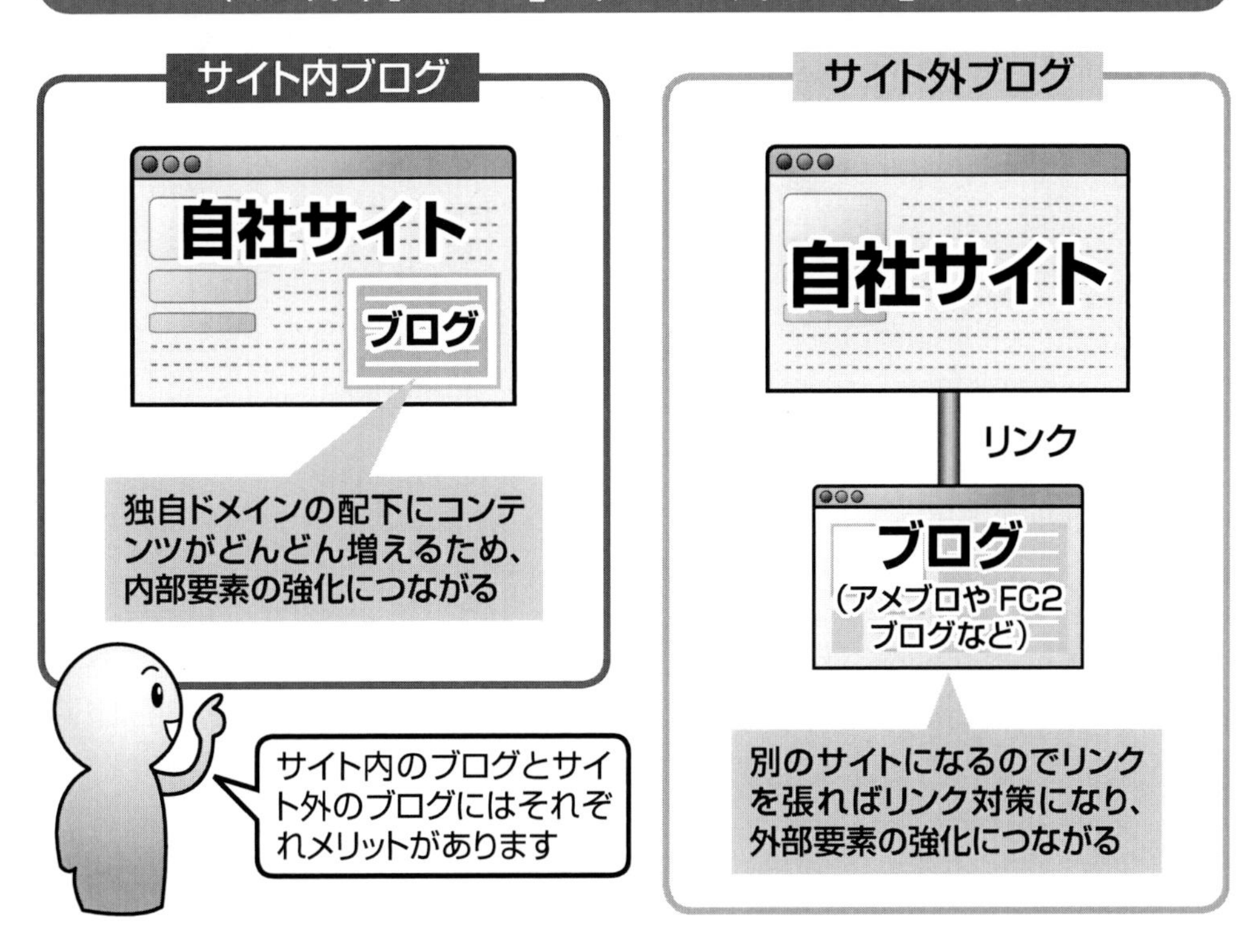

三元ラセン管工業株式会社

## ブログ活用で製造業（ＢＴＯＢ）のネット受注３割に向上

サイト内ブログ、サイト外ブログの両方を活用している事例です。社長と社員が一丸となって情報発信していくことによって、認知拡大、メディアへの露出、売り上げへとつながっています。

大阪で金属やステンレス製品を扱う三元ラセン管工業株式会社は、１９７４年創業。もともとは同業者への卸売り専門で会社経営を行っていました。売り上げの60％を３社が占めるというリスキーな経営は、ライバル企業の台頭により、徐々に厳しくなりました。「このままではいけない。インターネットを利用して、直接販売ができないか」と舵を切ったのが代表取締役の高嶋博氏です。ネットのすごさを初めて実感したのは２００４年の初受注。情報発信の素晴らしさを知ったのは２００５年。高嶋氏のブログファンという東京在住の会社員に展示会で声をかけられたときでした。

それ以降、ブログで情報発信することに力を注ぎ、サイト内、サイト外、合わせて5つのブログを運営しています。自社サイトをどんなにきれいにリニューアルしても、サイトへの訪問者がいなければ意味がありません。「ベローズ」『フレキシブルチューブ」など、誰も知らないような製品を扱っているんだということを、社員全員が自覚することが大事。特殊な製品を、1人でも多くの人に「知ってもらうこと」を心がけました。

外部の無料ブログにアカウントを作ることは、記事が多くの人の目に触れるチャンスです。サイト外ブログは、代表の高嶋氏のブログが2つ、社員のブログが2つあり、製品のこと、会社のこと、自分自身のことなどを語っています。唯一のサイト内ブログ「ベローズラボ奮闘日記」は、社員が交代で担当。サイトへの訪問者に「この会社なら安心」と感じてもらえるようなブログを心がけています。

5つのブログを合わせれば、ブログ記事だけでも4000ページ以上に増えていてSEOにもつながっています。

発信数が大事だと考える高嶋氏はフェイスブックページも5つ運営。製品ごとにフェイスブックページを分ける作戦です。動画はユーチューブにアップ。最近は海外向けに英語の動画も作成しています。高嶋氏は「製品名で検索したとき、1位でなくても1ページ目にいればOKなんです。1本単位でこれだけ特殊な加工ができるのは当社だけなので、比較してもらえれば、必ず自社に相談してもらえる自信があります。検索より、ブログ、フェイスブック、ユーチューブなどから訪問してくれる人のほうが、人となりを知ってくれているのでありがたいです」と話します。ちなみに「社長の日記」で検索すると、約166万件のなかで1位をキープ。社長が率先して情報発信を行っている証拠です。

現在、三元ラセン管工業株式会社は、46の大学、27の研究機関、1000社を超える企業と取引をしています。ブログ開設当時、ネットからの注文がゼロだったのに対し、現在は3割がネット経由の注文になっています。たくさんの賞を受賞し、取材や講演の申し込みが絶えないのも、継続的に情報発信を行ってきた成果。SEOは1つの入り口。ブログなどを活用して、多くのお客様と出会うチャンスを作っていくことが大事なのです。

## 三元ラセン管工業株式会社

URL　http://www.mitsumoto-bellows.co.jp

本サイト

サイト内ブログ

ベローズラボ奮闘日記

サイト内ブログとサイト外ブログの5つのブログで、積極的に情報発信している

### サイト外ブログ

livedoorブログ　☆ベローズ☆ Bellows Guide & Explanation

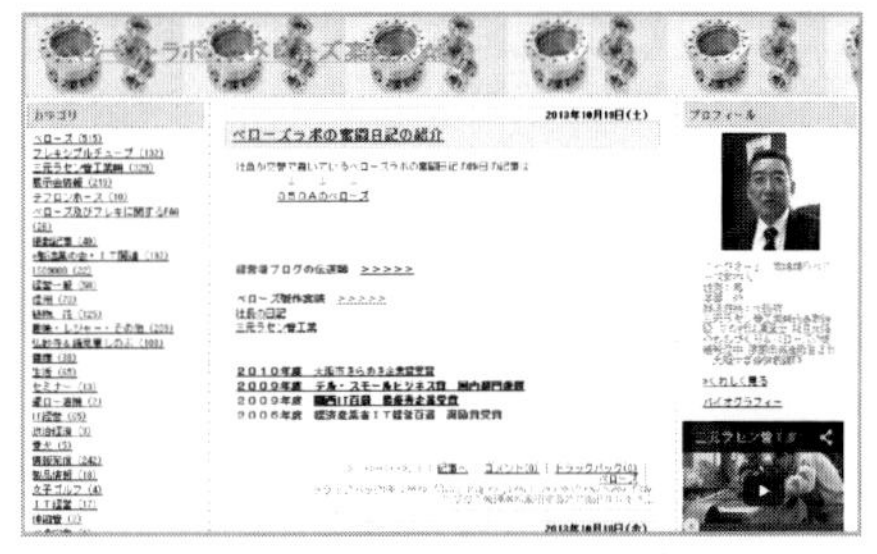


ブログサービス「BLOGari（ブロガリ）」ベローズ案内人（社長ブログ）

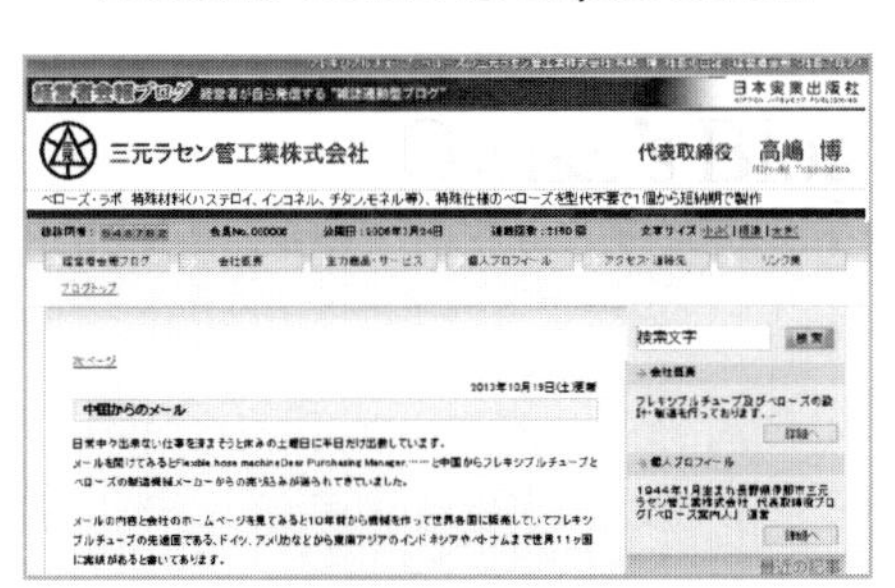


経営者会報ブログ（社長のブログ）

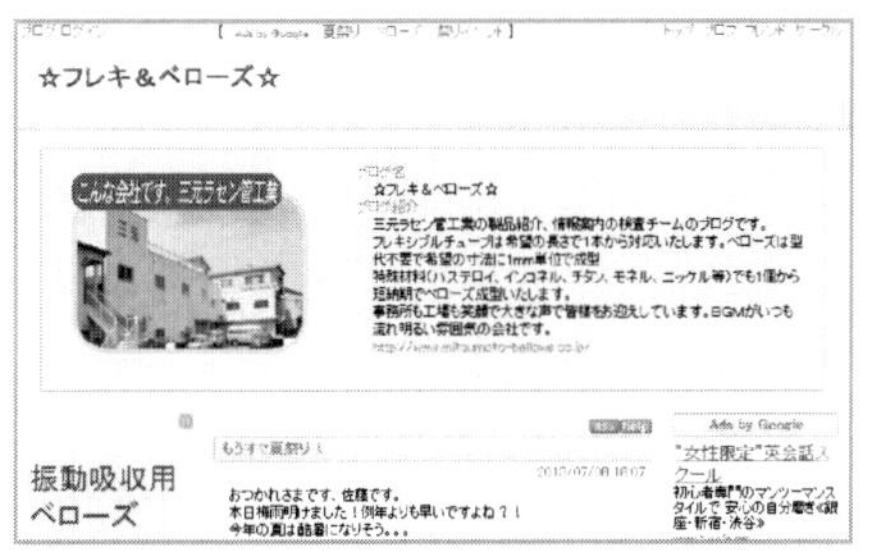


BIGLOBEウェブリブログ　フレキ&ベローズ（三元ラセン管工業のブログ）

楽天市場シードコムス

事例

## 当番制の楽天ブログは顧客の流出防止&リピート率向上に貢献

楽天ブログの活用事例です。ブログの目的を「顧客の流出防止のため」と明確にしています。スタッフが当番制でブログを書くスタイルにすることによって、コミュニケーション性の高いブログを実現しています。

沖縄のシードコムス楽天市場店は、オリジナルの美容健康サプリメントを扱うECサイトです。サプリメントは、リピート性が高い点、横展開がしやすい点(1つのサプリを買ってくれたお客様が、別のサプリを買ってくれる)では、ネットで売りやすい商品です。ところが、大手企業の参入も多く、価格競争も激しいことから、「1度買ってくれたからといって、次も同じサイトで買ってもらえるとは限らない」という厳しい面もあります。

シードコムス店長の長濱諒氏は、顧客の流出防止策として、楽天ブログに力を入れています。ブログは購入者にお店のことを知ってもらう場所と位置付けて、スタッフが当番制でブログを更新。沖縄らしい海の写真、ウミガメの産卵を見た話、竹富島への旅行記など、個性があるブログがショップに彩りを添えています。スタッフが顔と名前を出し、お客様との交流を深めることによって、信頼度獲得、ファン育成、リピート率向上の役割を担っているのです。

「当番制にしたことによって、ネタ切れ対策にもなり、各自責任をもって担当の曜日にブログを書くようになった」と長濱氏は話します。シードコムスでは、メールのテンプレートにはもちろん、メルマガ、同梱物などでも積極的にブログの案内を入れています。

ＳＥＯについて長濱氏は「楽天市場には楽天市場のアルゴリズムがあると思います。レビューを集めることも大事ですが、キーワード対策もできる範囲で行っています。管理者用の楽天ＲＭＳというシステムの中で、重要キーワードやトレンドを見ることができます。そのキーワードを、商品ページのタイトルに入れるなどして、ＳＥＯを行っています」と話します。たとえば「スラキュット」という商品のキャッチコピーには「ブーツもらくらく」を加えました。秋冬の重要キーワードである「ブーツ」を取り込むための作戦です。季節によってはキーワードを「水着」に変更するなどして、臨機応変に商品ページを変えています。

ブログでお客様との関係性を築き、ＳＥＯや動画の投入を行った成果もあり、「ＤＨＡ」というキーワードで、モール内で１位を獲得しています。ＤＨＡ（ドコサヘキサエン酸）は、魚に含まれる成分で、サプリメントを扱うＥＣサイトにとって重要なキーワードの１つです。検索から新規客を取り込み、ブログで関係性を深めリピートにつなげるという連携が、シードコムスの強みとなっています。

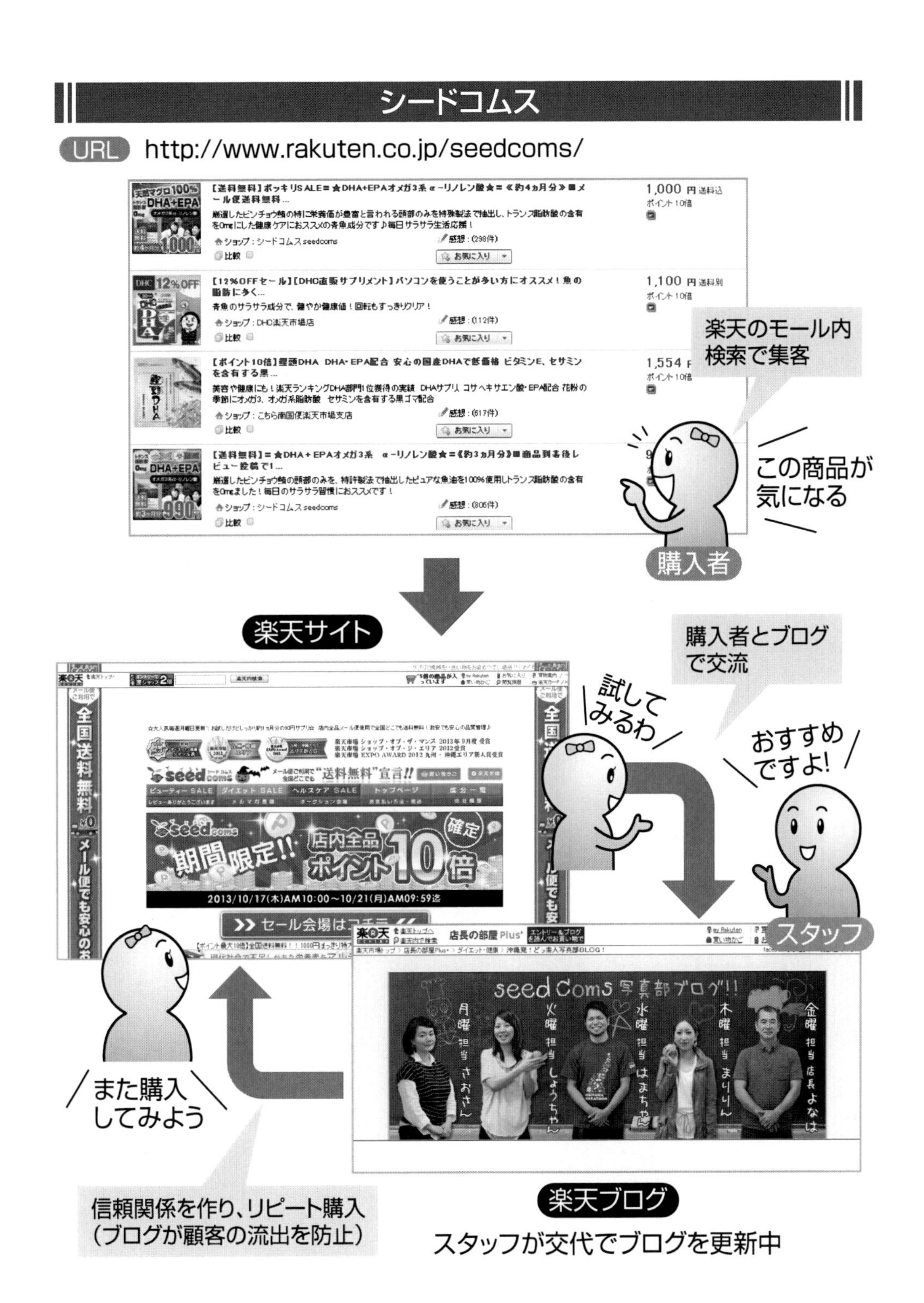

シードコムス
URL http://www.rakuten.co.jp/seedcoms/
楽天のモール内検索で集客
この商品が気になる
購入者
楽天サイト
購入者とブログで交流
試してみるわ
おすすめですよ!
スタッフ
また購入してみよう
信頼関係を作り、リピート購入
(ブログが顧客の流出を防止)
楽天ブログ
スタッフが交代でブログを更新中

# プロのライターに学ぶライティングテクニック（準備編）

## ライターに学ぼう！　準備8割の執筆法

ライターは、小説家とは違います。「自分が書きたいことを書く」のではなく、クライアントが求めるもの、クライアントが達成したい目的に合致した制作物が求められます。そのため、優秀なライターほど、準備に時間をかけます。「準備8割、本番2割」とよく言われますが、ライティングも例外ではありません。書き出す前の準備は3つです。

### ❶ターゲット

同じ話でも、相手によって内容、伝え方は違います。たとえば、餃子の作り方を説明する場合でも、料理経験がどれくらいなのかによって、説明する内容、深さ、順番、伝え方（トーン＆マナー）を変えると思います。相手にわかりやすく伝えるためには、相手を知ることがとても重要です。どんな相手で、これから伝えることに対する前提知識がどのくらいあるのかを明確にして、ターゲットを具体的にイメージしましょう。八方美人になって万人受けを狙うのではなく、相手を絞ってたった1人に向けて伝えることがコツです。

### ❷目的

コンテンツの目的、ゴールを明確にしましょう。説明を読んで理解してもらうことをゴールとするのか、理解して購入してもらうまでを求めるのかでは大きく違います。

### ❸情報収集

ターゲットと目的が決まると、コンテンツの内容、方向性が明確になります。必要に応じて情報収集を行います。たとえば餃子の作り方を説明する場合に、ターゲットと目的が明確になる前にあれこれ情報を集めてしまうと、時間もかかり、余計な情報まで集めてしまいます。餃子の歴史、餃子の皮の作り方、野菜の切り方……情報収集に時間をかけることも大事ですが、効率よく仕事をすることも考えていきましょう。

## 書き出す前の準備の重要性

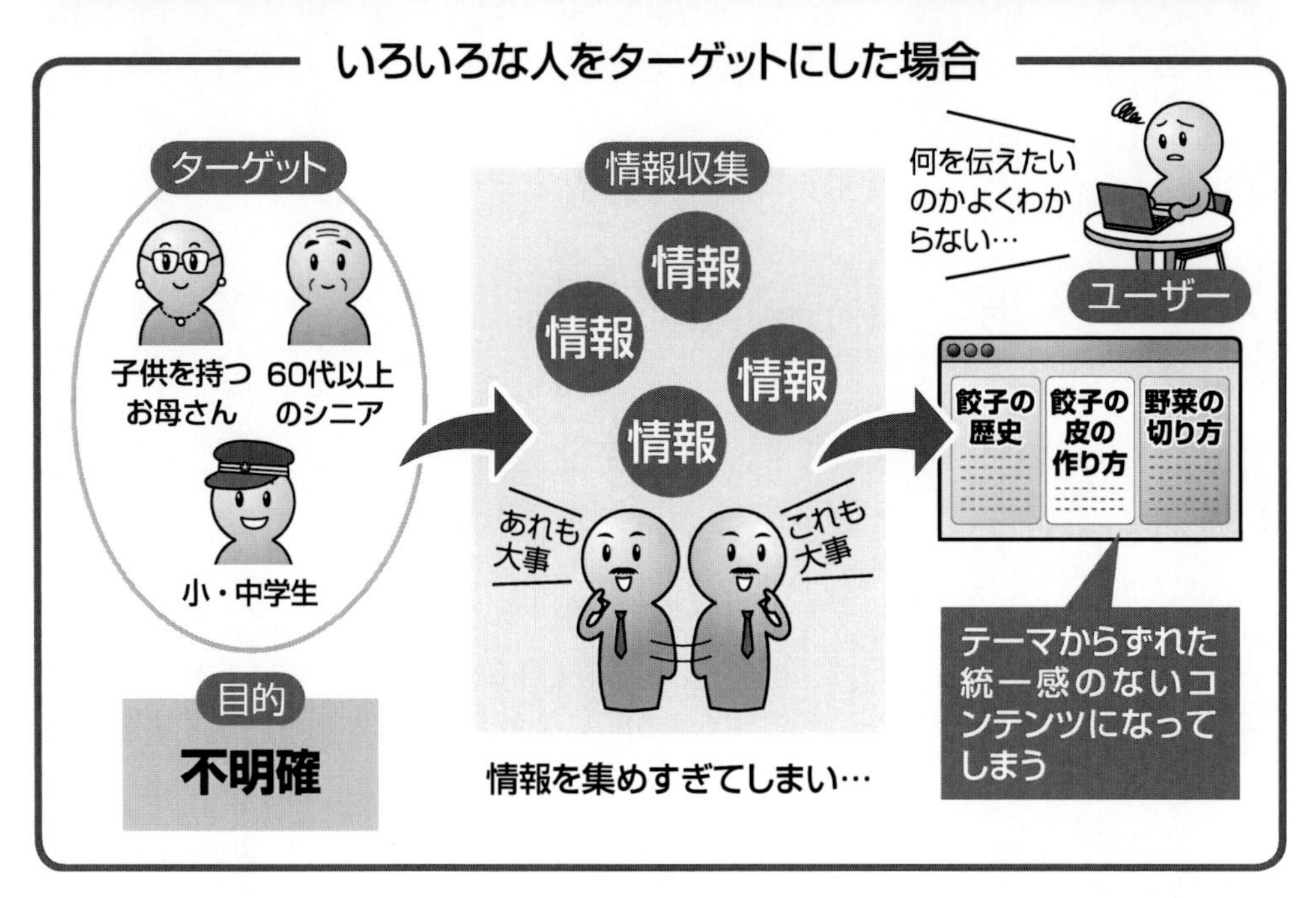


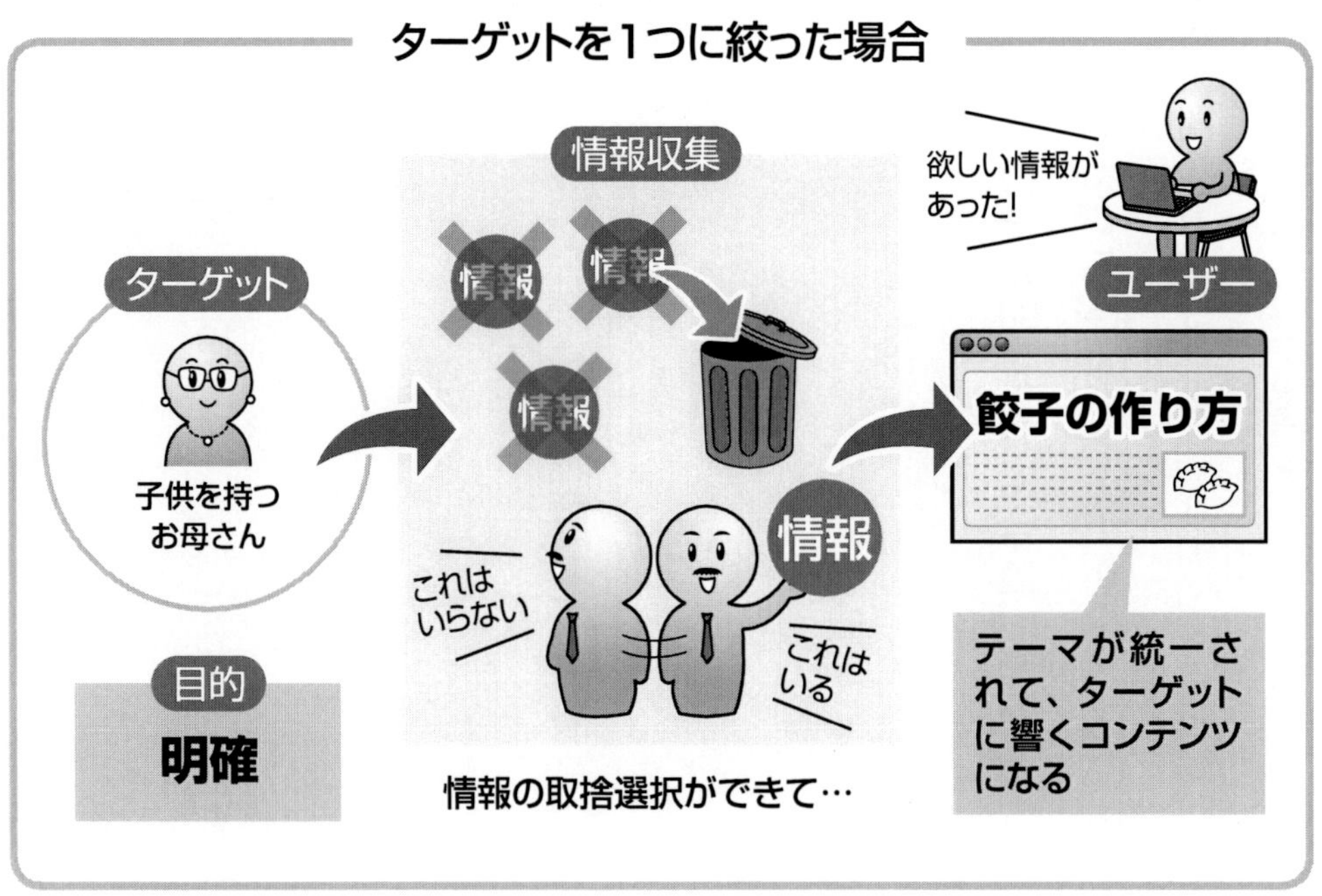

## ライティングのポイント①　500文字以上のコンテンツ

ＳＥＯを行うためには、グーグルを無視するわけにはいきません。グーグルに好かれるためには、どんなコンテンツを作ればいいのでしょうか。１つは、文章量という観点があります。グーグルが「何文字以上必要です」と言っているわけではないのですが、５００文字が1つの目安になっています。

ただし、良質なコンテンツとは「ユーザーにとって役に立つコンテンツ」です。５００文字では、ユーザーに役立つコンテンツとして物足りない場合もあります。そう考えると、５００文字以上必要で、文章量、文字数は多いほうがいい、と言えると思います。私自身も「もともと500文字前後のコンテンツなのですが、文字数に関係なくコンテンツとして良いものを作ってほしい（１５００文字、２０００文字に増やしてほしい）」というご相談をいただくことがあります。「検索順位は上がったが、物足りないコンテンツなので、ユーザーの直帰率が高い」「サイトへの訪問者は増えたが、購入者が増えない」などの課題をお持ちの方が多いです。５００文字は、目安であると捉えましょう。

## コンテンツの文字数について

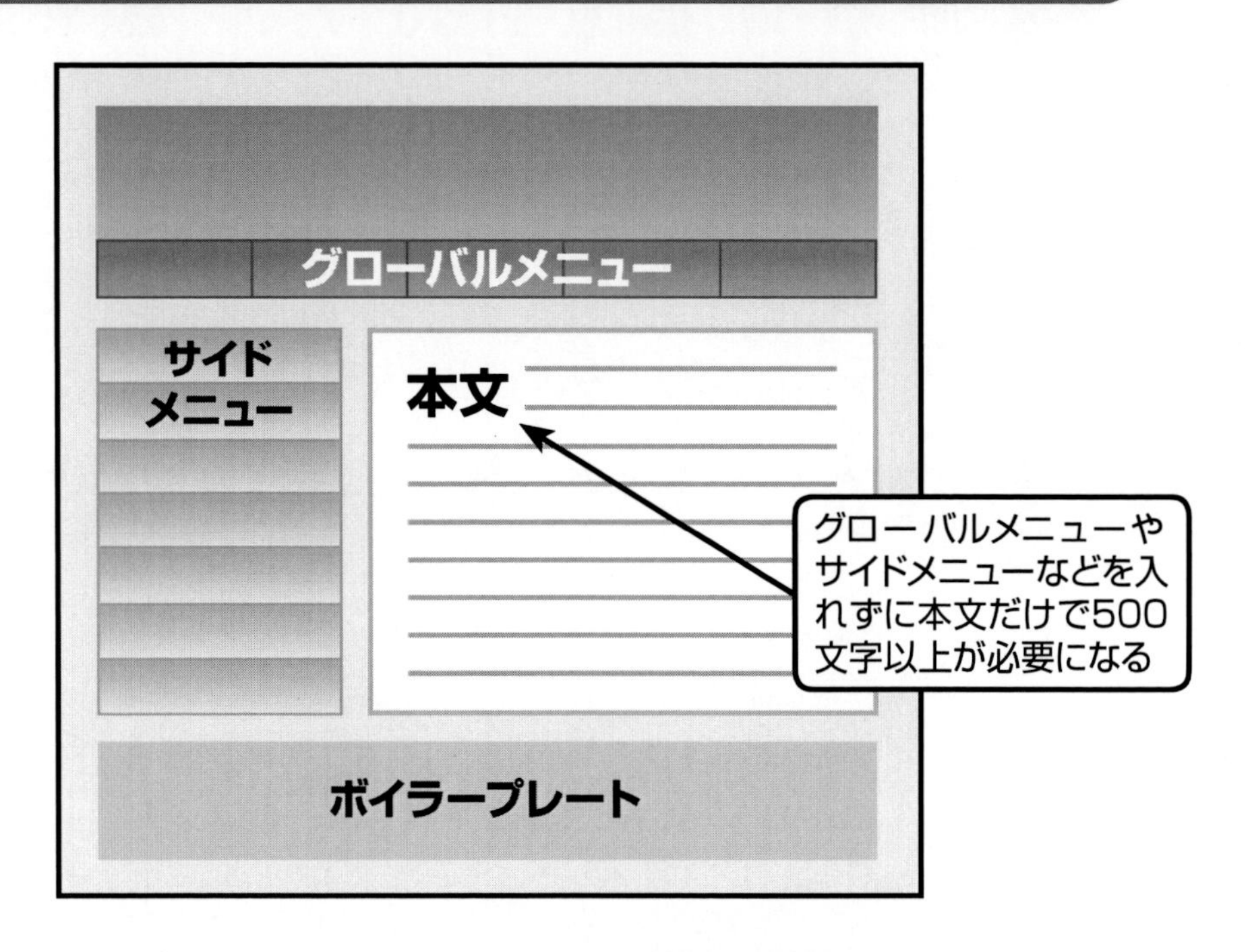


●文字数カウンタ

Sundry Street
Sundry Street > ひと休み > 文字数カウンタ　>>> サイトマップ

文字数カウンタ

テキストボックスに入力された文字の数をカウントします。受信できる文字数に制限がある携帯にメールを送るときに便利かもしれません。

カウント　リセット

文字数　文字
改行を除いた文字数　文字
改行、空白を除いた文字数　文字
バイト数(UTF-16)　バイト
バイト数(Shift-JIS)　バイト
バイト数(EUC-JP)　バイト
バイト数(JIS)　バイト
行数　行

文字数を数えるには、文字数カウントツールが便利

URL　http://www2u.biglobe.ne.jp/~yuichi/rest/strcount.html

### ライティングのポイント②　出現率より出現順位を重視しよう

ライティングを進めていくと、コンテンツの中に、どのくらいの割合で目標キーワードを含めていけばいいのか、悩むと思います。インターネット上には、キーワード出現率を計測する無料ツールがたくさんあります。たとえば、次のようなツールがあります。

●SEOチェキ！

URL http://seocheki.net/

●SEO検索エンジン最適化

URL http://www.searchengineoptimization.jp/keyword-density-analyzer

ただし、利用するのはよいことですが、数値に翻弄されないでください。目安にするのは4％～6％です。ただライターの立場から言えることは、「キーワード出現率を気にしすぎると、文章的に破たんする危険性がある」ということです。大切なことは、「ユーザーにとって読みやすいか」「わかりやすいか」ということです。最も重要視すべきは「役に立つコンテンツになっているか」ということなのです。

せっかくキーワード出現率チェックツールで調べたとしたら、数値にとらわれずに次の点をチェックしてみてください。「目標キーワードがそのページの中に、出現率として最も多く書かれているか」というチェックポイントです。たとえば、目標キーワードを「SEO コンテンツ」と設定してページを作った場合、「SEO」と「コンテンツ」というキーワードが、そのページの中で最も出現頻度が高くなればOKです。

◉キーワードの出現率（「SEO検索エンジン最適化」での例）

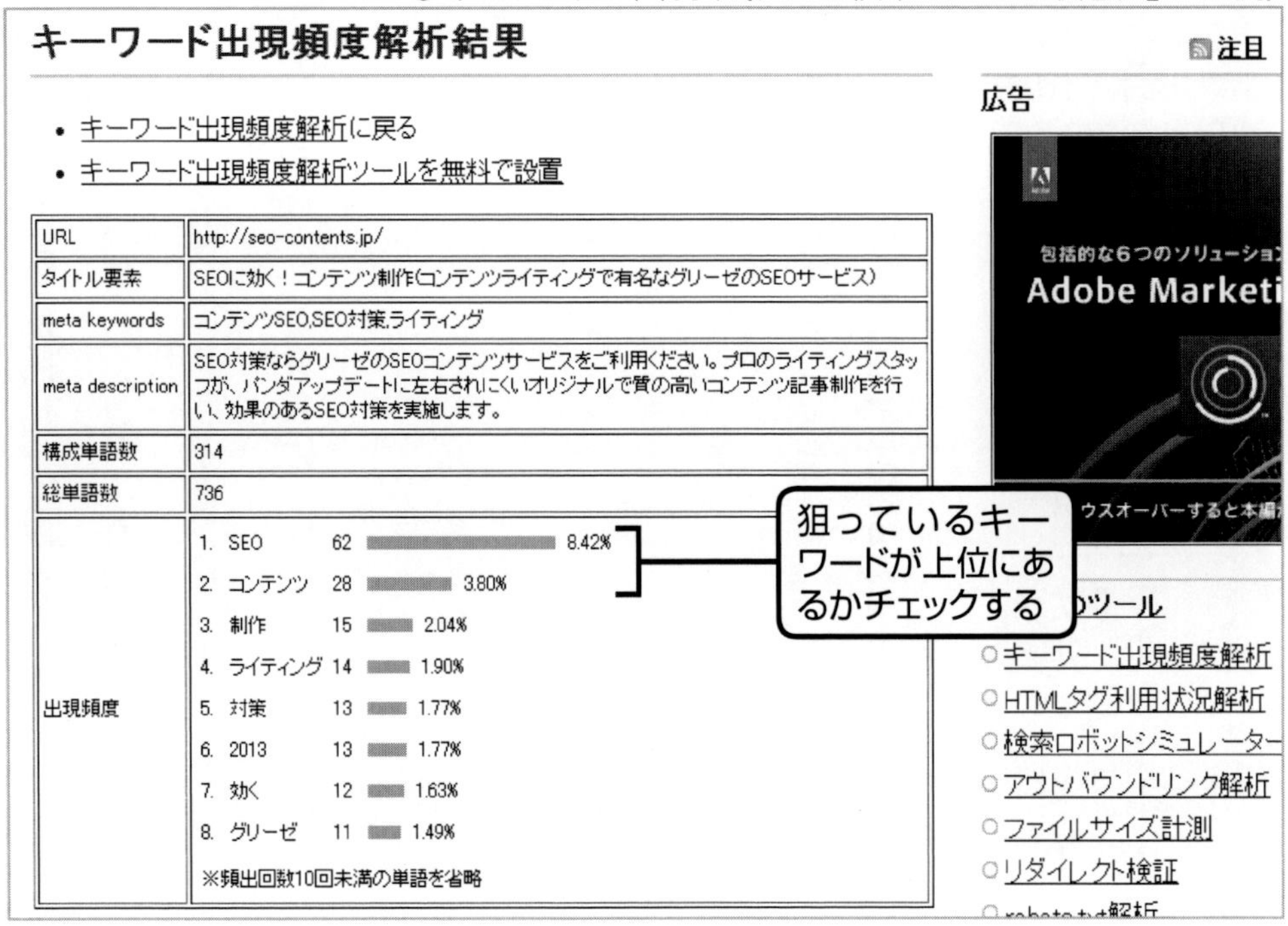
キーワード出現頻度解析結果
注目
広告
キーワード出現頻度解析に戻る
キーワード出現頻度解析ツールを無料で設置
URL http://seo-contents.jp/
タイトル要素 SEOに効く！コンテンツ制作(コンテンツライティングで有名なグリーゼのSEOサービス)
meta keywords コンテンツSEO,SEO対策,ライティング
meta description SEO対策ならグリーゼのSEOコンテンツサービスをご利用ください。プロのライティングスタッフが、パンダアップデートに左右されにくいオリジナルで質の高いコンテンツ記事制作を行い、効果のあるSEO対策を実施します。
構成単語数 314
総単語数 736
出現頻度
1. SEO 62 8.42%
2. コンテンツ 28 3.80%
3. 制作 15 2.04%
4. ライティング 14 1.90%
5. 対策 13 1.77%
6. 2013 13 1.77%
7. 効く 12 1.63%
8. グリーゼ 11 1.49%
※頻出回数10回未満の単語を省略
狙っているキーワードが上位にあるかチェックする
包括的な6つのソリューション
Adobe Marketi
キーワード出現頻度解析
HTMLタグ利用状況解析
検索ロボットシミュレーター
アウトバウンドリンク解析
ファイルサイズ計測
リダイレクト検証

# プロのライターに学ぶライティングテクニック（書き方編）

## スラスラ書けない人は「型」から入ろう

当社では、ライター育成講座を行っています。ライター未経験の方や、自己流で頑張ってきたというライターの卵の方を対象にした講座です。課題を提出していただき、当社で添削をしますが、何度も書き直しになってしまう受講者に多いタイプとして、脱線タイプの方がいます。日常会話でもありがちですが、「いったいこの人は、何を言いたいのか」「この話は、どこに向かっているのだろう」というタイプです。日常会話ならば、話が脱線していても楽しければいいかもしれません。ただし、ビジネス会話やコンテンツ制作の場面では、困りものです。

脱線しないようにするためには、線路をしっかり作っておくことが大事です。文章においては「型」と言い換えてみましょう。たとえば、前半と後半の2部構成。「前半にこれを書いて、後半はこれを書こう」と全体を俯瞰してから書き始めることがポイントです。入り口と出口、出発駅と到着駅を決めておくのです。2部構成の場合は、短めの文章が限界です。文章が長くなると、前半で脱線してしまうこともあります。500文字以上を超える場合は、3部構成、4部構成がおすすめです。

## 文章構成の「型」の種類

### 2部構成

| | |
|---|---|
| 前半 | 導入 |
| 後半 | 本題 |

2部構成は短めの文章の場合に使います

### 3部構成

3部構成は簡潔に伝えるのが得意です

| | | |
|---|---|---|
| プロローグ | 総論 | 序論 |
| 本編 | 各論 | 本論 |
| エピローグ | 結論 | 結論 |

| | | |
|---|---|---|
| 導入 | 仮説 | 序 |
| 展開 | 実験・検証 | 破 |
| まとめ | 結論 | 急 |

### 4部構成

| | |
|---|---|
| 起 | 仮説(P) |
| 承 | 実行(D) |
| 転 | 検証(C) |
| 結 | 改善(A) |

4部構成は一般的になじみがある型です

## 得意な「型」を身に付けよう

3部構成で取り組みやすいのは、「総論→各論→結論」の型です。この型を得意技にしてみましょう。

❶「総論」を述べ、全体像を伝える。
　←
❷「各論」に入っていき、「総論」で述べたことを具体的に述べる。
　←
❸「結論」でまとめ、「総論」で述べたことを納得させる。

たとえば、「子どもの急な体調不良に備える！　ストックしておきたい食材3選」というタイトルのコラムがあります（101ページ参照）。「総論」では、「子どもの体調不良は突然やってくる。体調不良に役立つ食材を3つ紹介する」と宣言しています。この後に続く文章が、どういう内容か想像してみてください。「3つの具体的な食材が順番に書かれているのかな？」と想像できます。読み手は、頭の中に3つ

の空箱を用意して、食材を一つ一つしまうように理解を進めることができます。最初の数行を読めば、その後の展開が「期待できる」点が、この型を使うメリットになります。

次の3つのコーナーが「各論」に当たります。りんご、葛（くず）、生姜（しょうが）の順に、いかに体調不良の子どもにとって良いかが書かれています。総論で述べたことを具体的に展開していると言えるでしょう。最後が結論です。食材も大事ですが「ママの手当てが何よりのクスリ」とまとめています。総論と結論との相性も良く、全体として引き締まったコラムになっています。くれぐれも「総論」と「結論」がねじれないように書いてください。

## 「総論→各論→結論」の型の例

**子どもの急な体調不良に備える！　ストックしておきたい食材3選**

**総論**

「さっきまで元気よく遊んでいたのに、急に発熱しちゃった」
「さっきまで、おやつをいっぱい食べていたのに、急におなかが痛いだって」
子どもの体調不良は、いつも突然やってきます。わが子の辛そうな顔を見ると、なんとかしてあげたいと思うのが親心ですよね。子どもの体調不良にも役立つ、ストックしておきたい食材を3つご紹介します。

**各論**

**各論(1)**

**■りんご～穏やかな解熱と整腸作用～**
りんごに含まれるリンゴ酸は消炎作用があり、熱を穏やかに下げる効果が期待できます。また、「ペクチン」という栄養素が、腸内の善玉菌を活性化。下痢の原因となる菌をやっつけます。すりおろしたり、ジュースにしたりすると、食欲のないときでも取り入れやすいですね。

**各論(2)**

**■葛(くず)～下痢のときの強い味方～**
腸壁を守り、体に適度な水分を補給する葛(くず)。血行をよくし、からだを温める効果があるといわれています。おなかの痛みを訴えるとき、下痢でおなかをこわしたときなど、くず湯にして飲ませましょう。黒糖を入れたり、りんごジュースを入れたりすると、子どもの好きな味になりますよ。市販のくず湯の場合には、「葛100%」のものを選ぶのがポイントです。

**各論(3)**

**■生姜(しょうが)～からだも心もぽかぽかに～**
からだを温める効果のある生姜(しょうが)。子どもの足が冷えているなと感じたときには、「生姜の足湯」をおすすめします。すりおろした生姜をお茶パックなどに入れ、熱めのお湯(42℃～5℃前後)に浮かべてください。さし湯をしながら、15分程度温めましょう。

**結論**

子どもが小さい間は、りんご、葛、生姜をストックしておきましょう。また、体調の悪い子どもにとっては、ママが「手当て」をしてくれることが、何よりのクスリ。ふだんから子どものからだとしっかり向き合いながら、病院に行くべき症状なのか、家でゆっくり手当てをしていい症状なのか、しっかりと見極める目を持つことも大切ですね。

※コンテンツラボ(http://kotoba-no-chikara.com/blog/n-kamiike06)から引用

## パラグラフで構成するコンテンツ

「型」を使って文章を書いていくと、いくつかのブロック（コーナー）に分かれます。ここで覚えてほしいのが、「パラグラフを意識したライティング」です。私は22歳から5年間、ソフトウェアのマニュアルを書いてきましたが、その5年間で学んだテクニカルライティングの技術の中で、「パラグラフ」は今でも最も仕事に役立っています。

パラグラフとは、1つの「テーマ（主題）」で統一された文の集まりです。104ページの図をご覧ください。

（A）パラグラフの概念を知らない人は、ダラダラと書いていきます。メリハリのない文章が続くため、読者は途中で飽きてしまいます。

（B）パラグラフの概念を知っている人は、ウェブページ全体をいくつかのパラグラフに分けて書くことができます。

(C)分けたパラグラフに「主題パラグラフ」「支持パラグラフ」「終結パラグラフ」というような役割を与えることができます。

(D)それぞれのパラグラフに小見出しを付けます。小見出しだけを見れば、ウェブページの全体像がつかめます。

小学生の作文のときに使った「段落」は、内容が大きく変わるタイミングで「改行して1文字下げる」という形式的なルールです。パラグラフは「テーマで統一されていなければならない」という点で、段落とは違うと覚えておきましょう。

## パラグラフとは

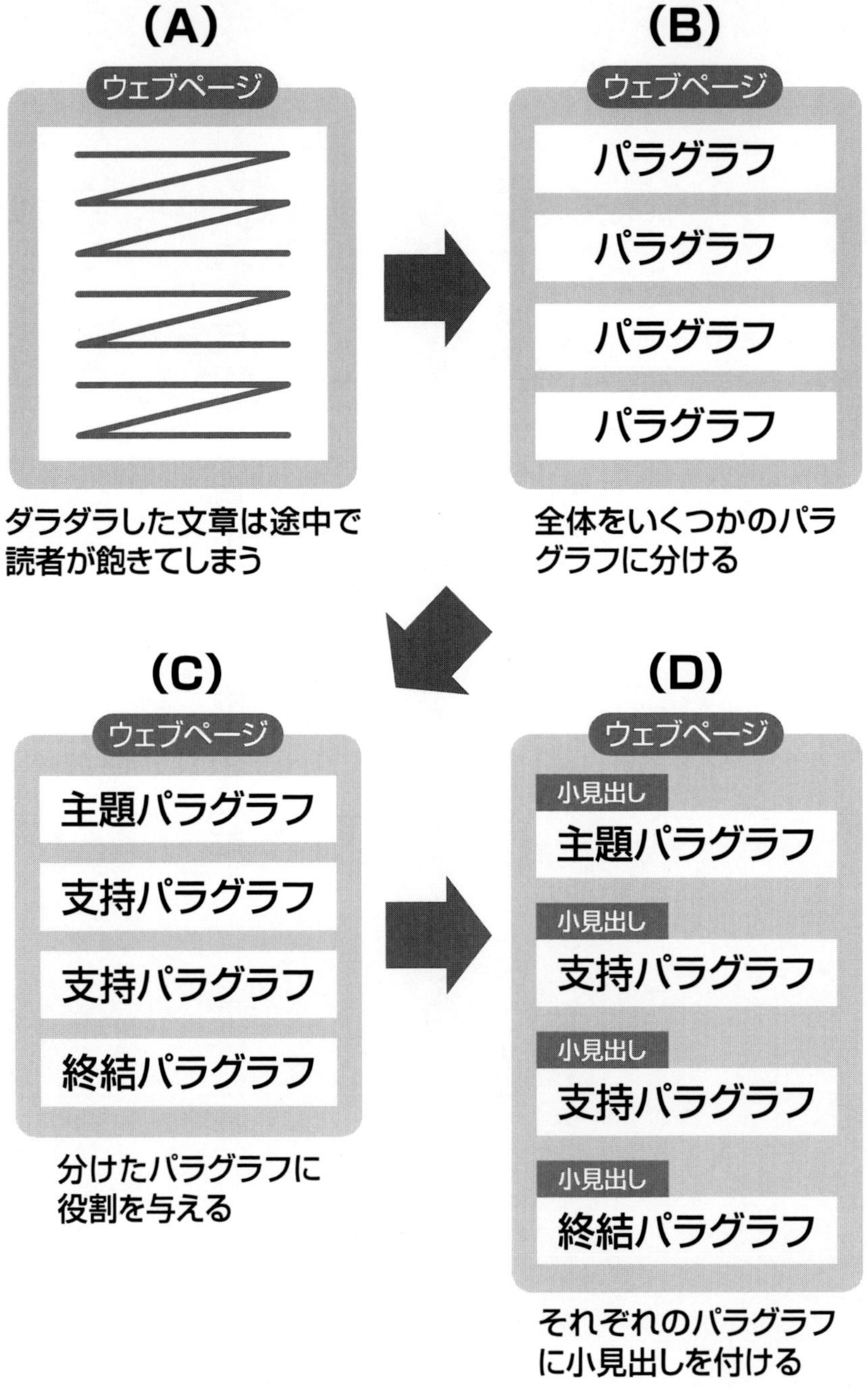

(A)

ウェブページ

ダラダラした文章は途中で読者が飽きてしまう

(B)

ウェブページ

パラグラフ
パラグラフ
パラグラフ
パラグラフ

全体をいくつかのパラグラフに分ける

(C)

ウェブページ

主題パラグラフ
支持パラグラフ
支持パラグラフ
終結パラグラフ

分けたパラグラフに役割を与える

(D)

ウェブページ

小見出し
主題パラグラフ
小見出し
支持パラグラフ
小見出し
支持パラグラフ
小見出し
終結パラグラフ

それぞれのパラグラフに小見出しを付ける

## パラグラフで書くメリット

文章を書いていて、途中から話がずれていくことはありませんか？　会話でも同じです。論点がずれていき、結局は何をテーマに話をしていたかがわからなくなってしまうケースです。パラグラフを意識すれば、話が脱線することがありません。パラグラフは、1つの「テーマ（主題）」で統一されているので、余計な文が入り込む余地がないのです。下記のパラグラフを読んでみてください。

このパラグラフのテーマは、「携帯電話でメールを送る方法」です。テーマから逸脱する文を入れてはいけないのです。ところがパラグラフを知らないで書くと、途中でアドレス帳の説明を入れたくなったり、件名の書き方などを書きたくなります。親切心で書き加えたことが、読者を混乱させる原因になるのです。

例文

> 携帯電話でメールを送る方法を説明します。まず、アドレス帳から相手の名前を選びます。メールアドレスを選ぶと、件名と本文を入力できる画面が表示されます。その画面で文字を入力し、最後に送信ボタンをクリックします。送信完了画面が表示されますので、確認して画面を閉じてください。

パラグラフには基本形があります。パラグラフの第1文は、「主題文(トピックセンテンス)」です。そのパラグラフで伝える内容を最初に宣言する役割があります。第2文目以降は、支持文です。主題文で宣言した主題について説明や補足をする文章群です。主題に含まれない内容は書いてはいけません。最後の1文は「終結文」です。全体をまとめる文になります。終結文があると、パラグラフが引き締まった印象になります。ただし、終結文では、主題文で書いたことを繰り返す場合もあり、その場合は、思い切って終結文は削除してください。文章をコンパクトにするための秘策です。

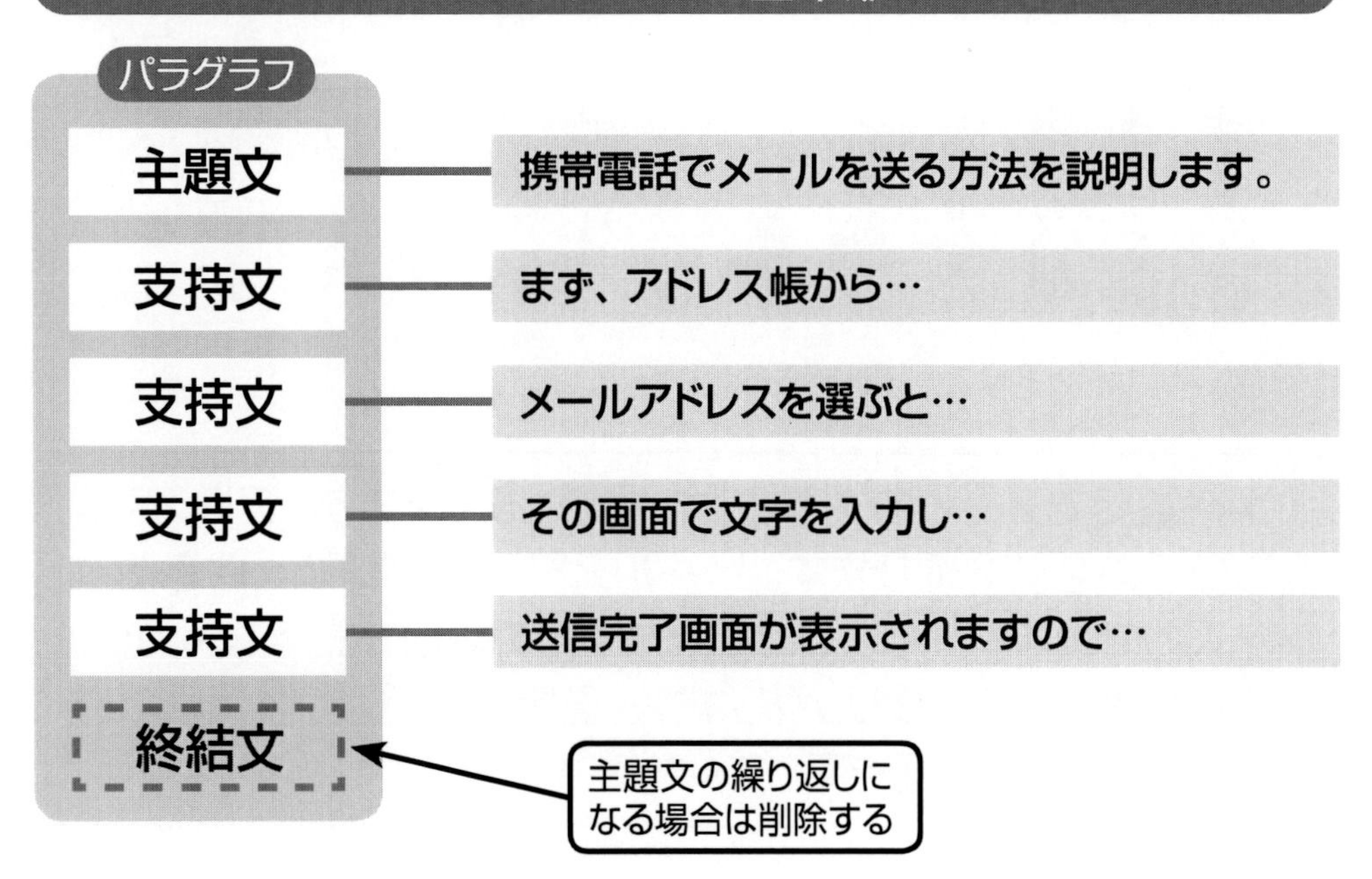

パラグラフは、ライティングの基礎です。がちがちに守っていると堅苦しい文章、マニュアルのような文章になってしまいます。基礎をマスターしたら、自由に崩したり、遊びを入れたりして文章を楽しんでください。基本をマスターした上で崩せば、失敗は少なくて済むでしょう。

## 著作権に注意してオリジナルコンテンツを作ろう

コンテンツ制作の現場では、著作権の問題は、避けては通れません。いわゆる「コピペ」は違法になります。すべてのコンテンツには、著作権があります。自分の作品、制作物を、勝手に他の人に使われないように守られているのです。よく「コピーライト」の表示がないから関係ない、などと誤解している人がいますが、ウェブ上のすべてのコンテンツに著作権があります。情報収集の際に、いろいろなサイトを参考にすると思いますが、著作権違反にならないように注意してください。

著作権に注意するためには、複数のサイトで調べた情報を、いったん自分の頭で理解し、咀嚼して再編集することが大事です。調べたことだけではなく、自社の意見を加え、事例を加え、自分の言葉で書くようにしましょう。あなたのサイトでしか読むことができないコンテンツ、これがオリジナルコンテンツです。ＳＥＯ的に最も価値が高いコンテンツなのです。

## 重複コンテンツに注意しよう

グーグルは、重複コンテンツを嫌います。なぜでしょう。先日、中学3年生の息子が修学旅行の準備で「清水寺」を検索していました。検索1位のサイトをクリック。気になる文章をノートに書いていきます。「1ページだけでは先生に怒られる」と言って、検索2位のサイトをクリック。このとき、検索1位のサイトと同じ文章が出てきたらどうでしょう。ユーザー（中学3年生）にとって、同一コンテンツがどんどん出てきたら、役に立ちません。グーグルは、検索エンジンとして最高峰であり続けるために、同じようなコンテンツを発見した場合は、片方の順位を下げるようにしているのです。

２０１2年以降、パンダアップデートが話題になりました。品質の低いコンテンツ、重複コンテンツがペナルティを受けるようになったのです。ただ、グーグルは、２０１2年より前から、ユーザーに役立つ検索サービスを提供するために、重複コンテンツについてのパトロールは行っていました。2012年以降、より厳しくチェックするようになったということです。

自分でコンテンツ制作をしていれば、重複コンテンツを作ることはないと思いますが、重複コンテンツの知識のない人や、業者に依頼する場合は、注意が必要です。重複コンテンツになっていないかどうかをチェックする方法を紹介します。1つは、コンテンツの一部（1行分くらい）をコピーして、グーグルで検索してみるのです。同じフレーズが含まれているページがあれば、検索結果に表示されます。1ページずつチェックして、重複コンテンツになっていないかチェックします。もう1つの方法は、「コピペルナー」などのツールを使ってチェックする方法です。有料のサービスですが、コンテンツ制作を外部に依頼する場合などは、安全のために導入しておくか、導入している業者に依頼することをおすすめします。

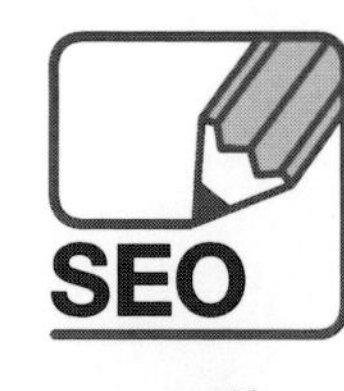


# グーグルが好むタグ、嫌うタグ

## SEOで成功するための3大エリア

グーグルのロボットは、私たちが日ごろ見ているサイトの画面を見ているわけではありません。HTMLタグを舐めるように見て、検索順位を上げたり下げたりしています。サイト制作を外注している方も、タグをご覧になってみてください。「タグだけを見直したら、検索順位が上がった」という例も珍しくありません。それほどタグは重要です。

特に重要なタグは3つ。タイトルタグ（title）、ディスクリプションタグ（meta name="description"）、見出しタグ（特にh1）です。この3つのエリア（3大エリア）に、目標キーワードを盛り込みます。

### タイトルタグ

その名の通り、ページのタイトルを表します。そのページに何が書いてあるかを宣言する場所として、ＳＥＯで最も重要なタグとして有名です。タイトルタグには、目標キーワードを１回～２回含めます。長すぎるとグーグルの検索結果のページで後半の文字が消えてしまうので、長くても30文字程度に抑えます。また、目標キーワードをなるべく先頭に置きます。

### メタネーム　ディスクリプション

目標キーワードを１回～２回含めます。長すぎると後半部分が「……」となって表示されなくなってしまうので、長くても１２０文字以内で書きます。

### 見出しタグ（h1）

目標キーワードを１回含めておけばよいでしょう。

## グーグルのロボットはHTMLソースを見ている

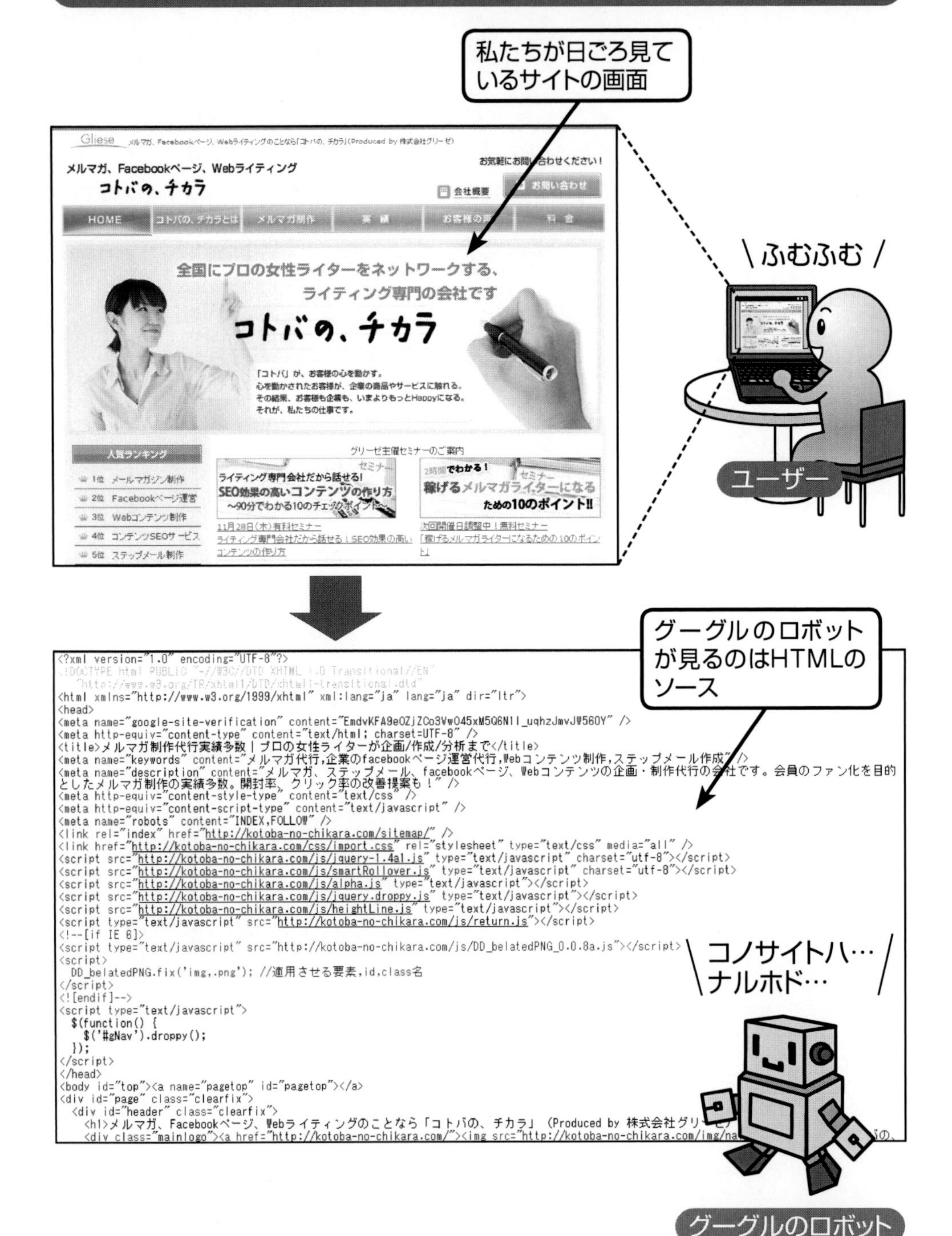

## 特に重要なタグ(3大エリア)

この3つのタグが
特に重要

```
<?xml version="1.0" encoding="UTF-8"?>
<!DOCTYPE html PUBLIC "-//W3C//DTD XHTML 1.0 Transitional//EN"
  "http://www.w3.org/TR/xhtml1/DTD/xhtml1-transitional.dtd">
<html xmlns="http://www.w3.org/1999/xhtml" xml:lang="ja" lang="ja" dir="ltr">
<head>
<meta name="google-site-verification" content="EmdvKFA9eOZjZCo3VwO45xM5Q6N1l_uqhzJmvJW560Y" />
<meta http-equiv="content-type" content="text/html; charset=UTF-8" />
<title>メルマガ制作代行実績多数｜プロの女性ライターが企画/作成/分析まで</title>
<meta name="description" content="メルマガ、ステップメール、facebookページ、Webコンテンツの企画 制作代行の会社です。
としたメルマガ制作の実績多数。開封率、クリック率の改善提案も！" />
<meta http-equiv="content-style-type" content="text/css" />
<meta http-equiv="content-script-type" content="text/javascript" />
<meta name="robots" content="INDEX,FOLLOW" />
<link rel="index" href="http://kotoba-no-chikara.com/sitemap/" />
<link href="http://kotoba-no-chikara.com/css/import.css" rel="stylesheet" type="text/css" media="all" />
<script src="http://kotoba-no-chikara.com/js/jquery-1.4a1.js" type="text/javascript" charset="utf-8"></script>
<script src="http://kotoba-no-chikara.com/js/smartRollover.js" type="text/javascript" charset="utf-8"></script>
<script src="http://kotoba-no-chikara.com/js/alpha.js" type="text/javascript"></script>
<script src="http://kotoba-no-chikara.com/js/jquery.droppy.js" type="text/javascript"></script>
<script src="http://kotoba-no-chikara.com/js/heightLine.js" type="text/javascript"></script>
<script type="text/javascript" src="http://kotoba-no-chikara.com/js/return.js"></script>
<!--[if IE 6]>
<script type="text/javascript" src="http://kotoba-no-chikara.com/js/DD_belatedPNG_0.0.8a.js"></script
<script>
  DD_belatedPNG.fix('img,.png'); //適用させる要素,id,class名
</script>
<![endif]-->
<script type="text/javascript">
  $(function() {
    $('#gNav').droppy();
  });
</script>
</head>
<body id="top"><a name="pagetop" id="pagetop"></a>
<div id="page" class="clearfix">
  <div id="header" class="clearfix">
    <h1>メルマガ、Facebookページ、Webライティングのことなら「コトバの、チカラ」（Produced by 株式会社グリーゼ）</h1>
    <div class="mainlogo"><a href="http://kotoba-no-chikara.com/"><img src="http://kotoba-no-chikara.com/img/nav/logo.
チカラ" width="345" height="53" /></a></div>
    <div class="headerright">
      <p><img src="http://kotoba-no-chikara.com/img/nav/contact_text.gif" alt="お気軽にお問い合わせください" width="18
</p>
```

## 目標キーワードが「清里　チーズケーキ」の場合

目標ワードを先頭に記述する

<title>清里の手作りチーズケーキ「緑工房」</title>

<meta name="description" content="清里高原にある小さなお店「緑工房」の人気ナンバーワンチーズケーキ。1日限定20個。ギフトにもぴったりです。清里高原お土産ランキング2012で1位に輝いたおいしさをご堪能ください">

<h1>清里高原の手作りチーズケーキ。お土産ランキング2012で1位獲得。ギフト、贈答用、プレゼントに最適</h1>

## クリック率を左右する！　タグをキャッチコピーに変える理由

タイトルタグは、目標キーワードを含めると同時に、キャッチコピーにする必要もあります。理由は、タイトルタグに書いた文言が、グーグルの検索結果に表示されるからです。たとえば「熱帯魚　育て方」と検索したときに、下記の2つのサイトが表示されたとします。あなたは、どちらをクリックしますか？

多くの人が、「熱帯魚の育て方ー失敗しないための3つのポイント」を選ぶと思います。キャッチーで引き付けられるコピーになっているからです。ユーザーは、必ずしも検索順位の1位から順番にクリックしていくとは限りません。検索結果の1ページ目をさっと眺め、タイトルやその下の説明文（ディスクリプション）を見て、良さそうなところをクリックするのです。言い換えると、1位にならなくても、タイトルタグやディスクリプションタグを工夫することによって、クリックを勝ち取ることができるということです。

タイトルの例

熱帯魚の育て方

熱帯魚の育て方｜失敗しないための3つのポイント

ドルクスダンケ

## 事例 SEOはタグ重視！ コンテンツはお客様重視

タグへの配慮を重視している事例です。コンテンツ重視の考え方でも、グーグルに認識されるためにはタグも重要なポイント。タグの書き方も参考になります。

世界のクワガタ・カブトムシや飼育用品を販売する「ドルクスダンケ」。1998年にオープンし、創業当初から「クワガタ　通販」「カブトムシ　販売」といったキーワードで上位表示しています。「ドルクスダンケ」を運営する有限会社ドルクスダンケ代表取締役の坪内俊治氏に話を聞くと、創業当初からずっと上位表示ができているのは、「小手先のSEOを一切やめ、SEOはタグだけと決め、守り続けてきたから」と分析します。

坪内氏が工夫している点は2つ。1つ目は、自社サイト専用のシステムを作った際、重要といわれる3つのタグ（タイトル、ディスクリプション、見出しタグ）にキーワードタグを加え、それらの入力欄を目立つ位置に設置したことです。「全部のタグを入力しないとページが作れない」という仕組みを作ったことによって、誰がページを作っても、タグの入力忘れがなく、タグをじっくり考えることが日常的な仕事となったといいます。

2つ目は、タグの書き方。タイトルタグには、お客様が検索しそうなキーワードを考え、入れること。ディスクリプションタグは、タイトルタグとマッチしていることだけでなく、「お客様が買う気持ちになるように」工夫しているといいます。なぜなら、ディスクリプションタグは検索結果でタイトルを見た人が、ページの内容を確認する場所。ネットショップの場合、転換率を上げること（買っていただくこと）が重要なので、単なる説明文ではなく、心を揺さぶるようなディスクリプションを書くのだそうです。

創業時はインターネット通販の草創期。まだショップ自体が少なく、誰もが試行錯誤していた時代。ＳＥＯも少し対策をすればすぐに上位表示できると、誰しも頑張っていました。1位になることがすべて。2位に落ちると、なんとか1位に戻そうと必死に対策するという毎日でした。そんなあるとき、「本来やりたいことはクワガタやカブトムシを販売し、喜んでもらうこと。SEOで1位になることが仕事ではない」と気付いたのです。それからはタグ以外のSEOは見向きもせず、コンテンツ重視でページを作るだけ。しかもSEOのためにコンテンツを増やすという発想ではなく、お客様に喜んでもらえる情報を丁寧に書き込んでいくという方針で商品ページを充実させ、コンテンツを作っていきました。

SEO重視からコンテンツ重視に転換しても、タグだけは必至でやってきました。その結果、「クワガタやカブトムシの名前＋通販」「クワガタやカブトムシの名前＋販売」「クワガタやカブトムシの名前＋ネットショップ」などのキーワードで、400種類の取り扱い生体の大半で1ページ目か2ページ目に表示されているのです。

## ドルクスダンケ

URL http://www.e-mushi.com/

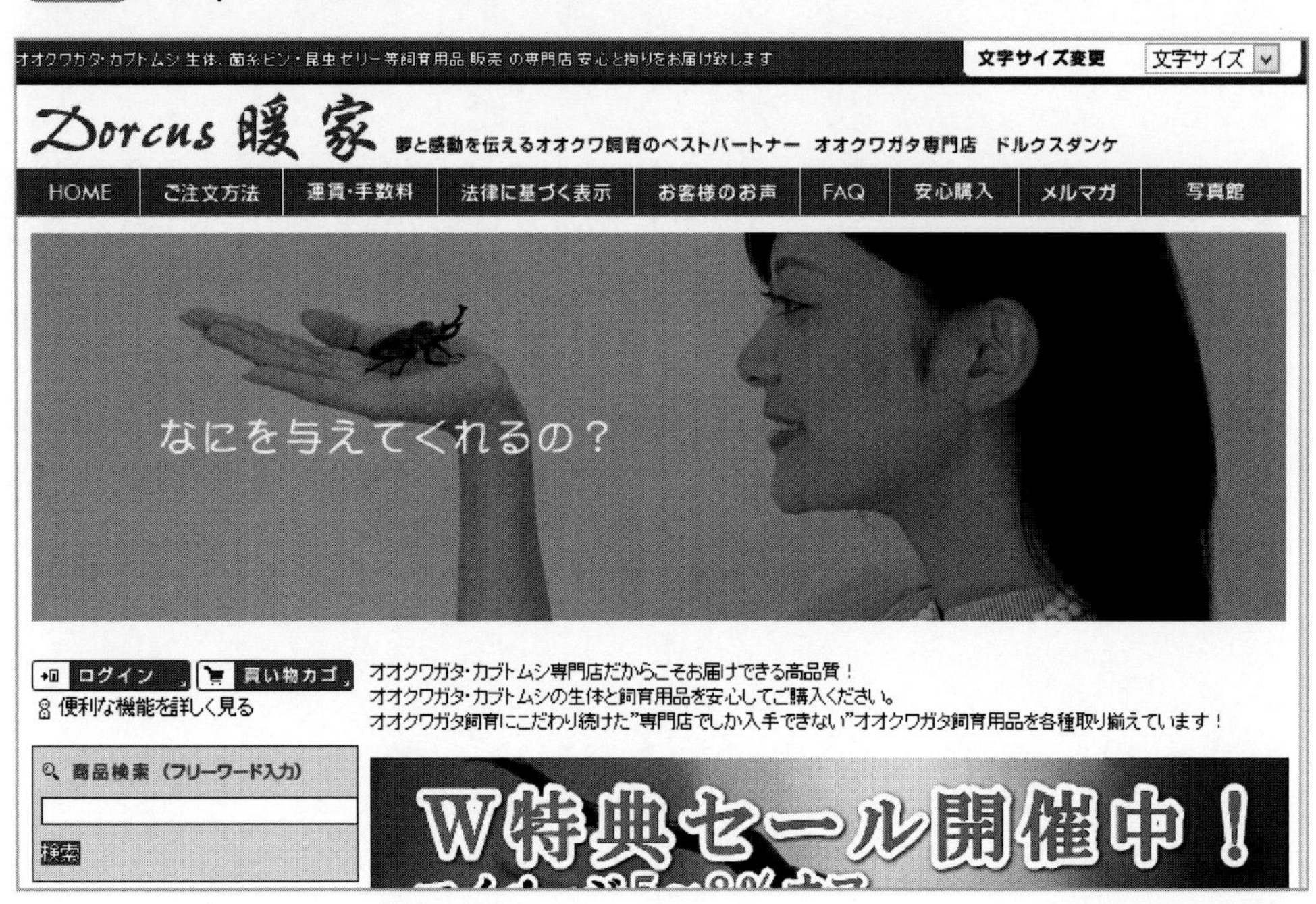


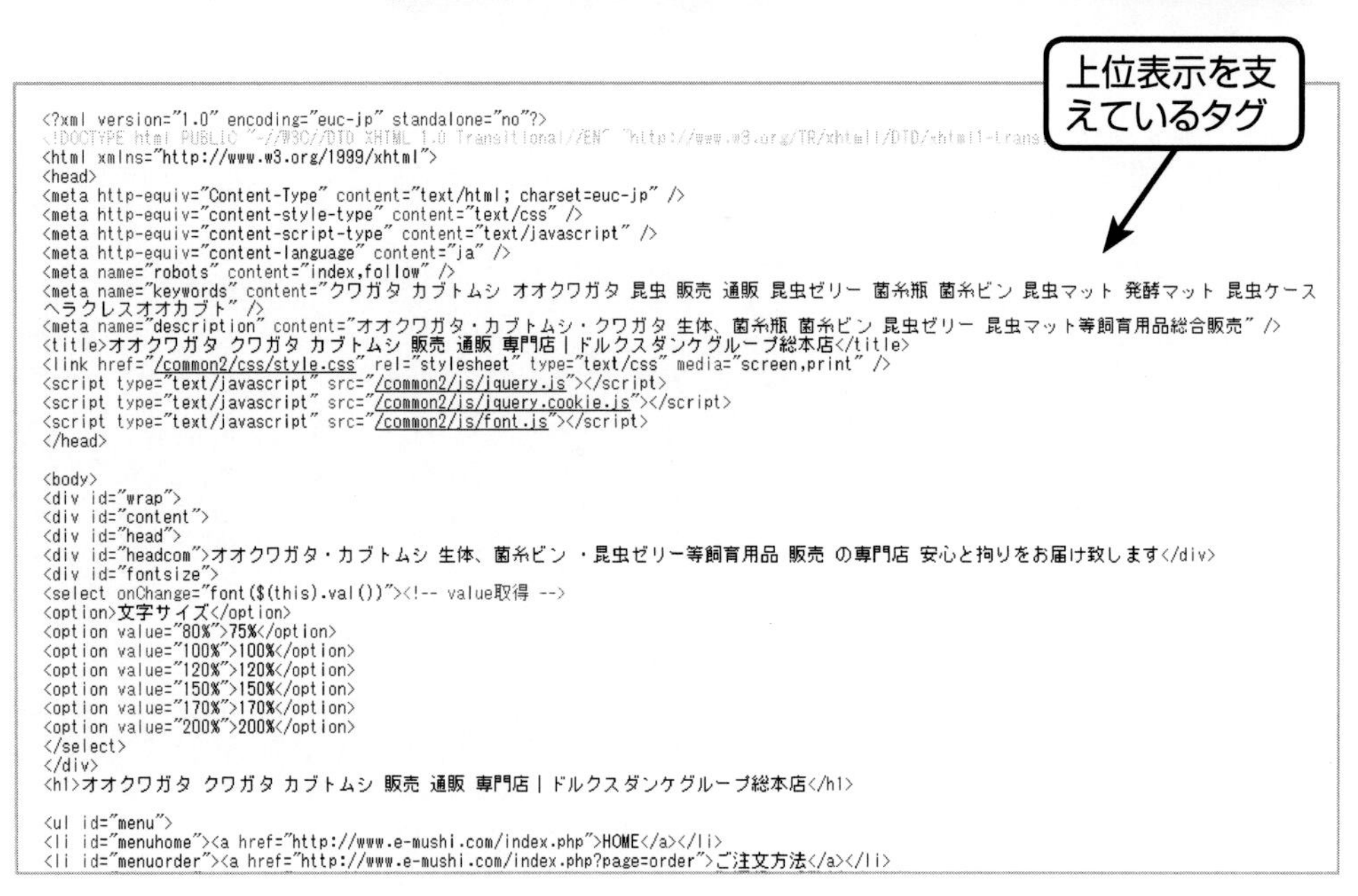


```
<?xml version="1.0" encoding="euc-jp" standalone="no"?>
<!DOCTYPE html PUBLIC "-//W3C//DTD XHTML 1.0 Transitional//EN" "http://www.w3.org/TR/xhtml1/DTD/xhtml1-trans
<html xmlns="http://www.w3.org/1999/xhtml">
<head>
<meta http-equiv="Content-Type" content="text/html; charset=euc-jp" />
<meta http-equiv="content-style-type" content="text/css" />
<meta http-equiv="content-script-type" content="text/javascript" />
<meta http-equiv="content-language" content="ja" />
<meta name="robots" content="index,follow" />
<meta name="keywords" content="クワガタ カブトムシ オオクワガタ 昆虫 販売 通販 昆虫ゼリー 菌糸瓶 菌糸ビン 昆虫マット 発酵マット 昆虫ケース
ヘラクレスオオカブト" />
<meta name="description" content="オオクワガタ・カブトムシ・クワガタ 生体、菌糸瓶 菌糸ビン 昆虫ゼリー 昆虫マット等飼育用品総合販売" />
<title>オオクワガタ クワガタ カブトムシ 販売 通販 専門店 | ドルクスダンケグループ総本店</title>
<link href="/common2/css/style.css" rel="stylesheet" type="text/css" media="screen,print" />
<script type="text/javascript" src="/common2/js/jquery.js"></script>
<script type="text/javascript" src="/common2/js/jquery.cookie.js"></script>
<script type="text/javascript" src="/common2/js/font.js"></script>
</head>

<body>
<div id="wrap">
<div id="content">
<div id="head">
<div id="headcom">オオクワガタ・カブトムシ 生体、菌糸ビン ・昆虫ゼリー等飼育用品 販売 の専門店 安心と拘りをお届け致します</div>
<div id="fontsize">
<select onChange="font($(this).val())"><!-- value取得 -->
<option>文字サイズ</option>
<option value="80%">75%</option>
<option value="100%">100%</option>
<option value="120%">120%</option>
<option value="150%">150%</option>
<option value="170%">170%</option>
<option value="200%">200%</option>
</select>
</div>
<h1>オオクワガタ クワガタ カブトムシ 販売 通販 専門店 | ドルクスダンケグループ総本店</h1>

<ul id="menu">
<li id="menuhome"><a href="http://www.e-mushi.com/index.php">HOME</a></li>
<li id="menuorder"><a href="http://www.e-mushi.com/index.php?page=order">ご注文方法</a></li>
```

# 第3章

# 売り上げを伸ばす商品ページライティング～成約率アップ①～

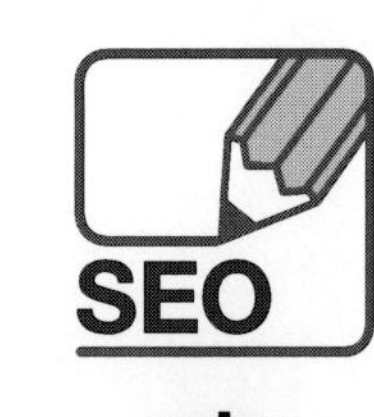


# 売れる商品ページの作り方

## 売れる商品ページの3つの条件

商品ページを作るとき、どんな点が重要だと思いますか？　キレイで見やすいこと、写真も大事、デザインも大事……といろいろと必要な条件はありますが、ライティング面でいうと、次の3点がポイントです。

❶3秒で選ばれるファーストビューになっているか
❷他社との違いがわかるキャッチコピーになっているか
❸ユーザー心理に沿ったページ構成になっているか

この3つのポイントについて、詳しく説明していきましょう。なお、ファーストビューとは、お客様がサイトに訪問した際に、最初に見る部分のことです。第一印象を伝える大事な部分になります。

## なぜ、3秒で選ばれるファーストビューが必要なのか

UCLA大学（アメリカ）の心理学者であるアルバート・メラビアン氏が1971年に提唱した「メラビアンの法則」によると、人物の第一印象は、初めて会った瞬間の約3秒で決まるそうです。さらに第一印象の55％が視覚的な情報だということです。あなたの体験と照らし合わせて、いかがですか？

メラビアン氏は、ウェブの場合については言及していませんが、私はウェ

ファーストビューとは

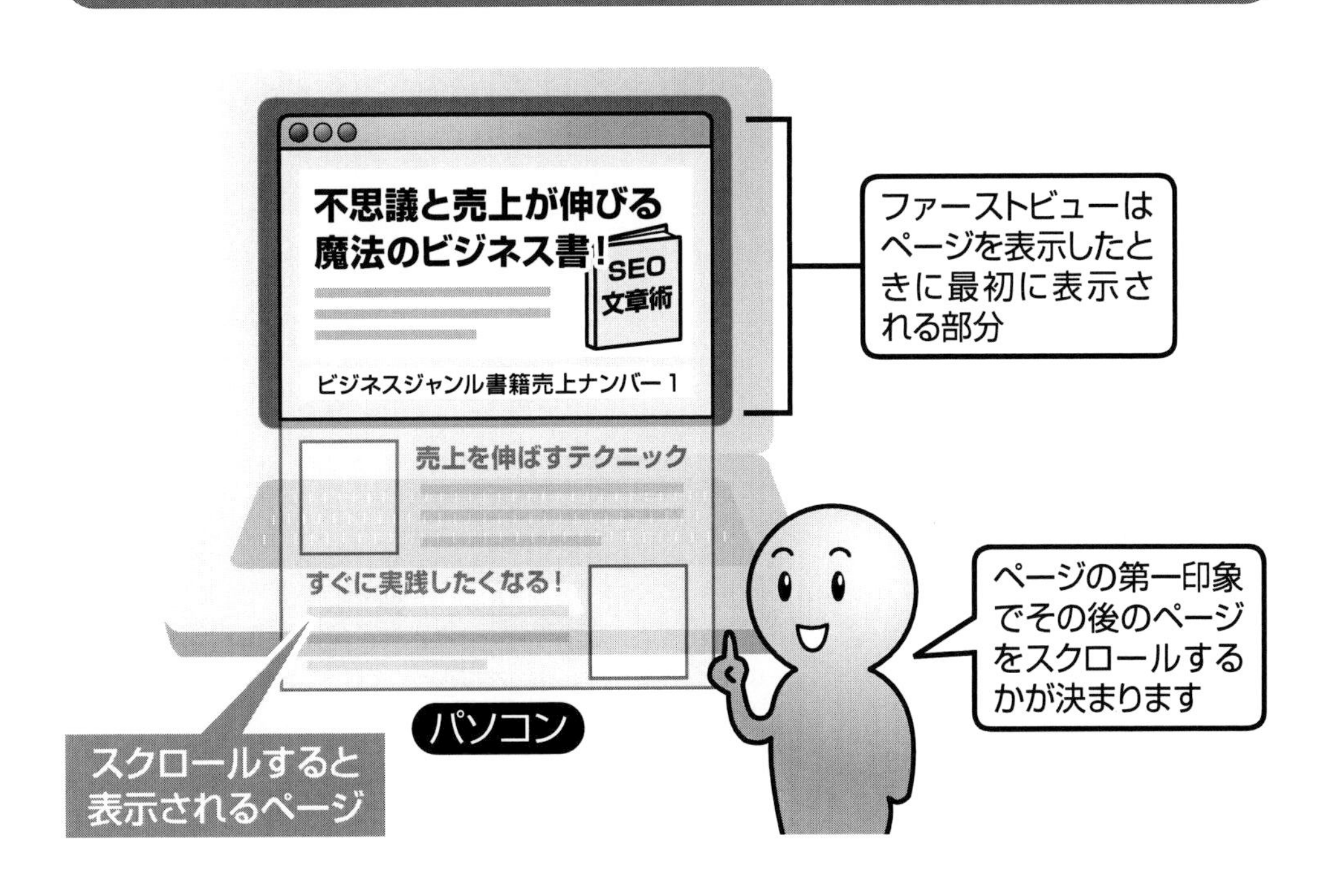

ブにも3秒ルールが通用すると思っています。検索して、初対面のサイトにたどり着いたときを想像してください。あなたは、スクロールをするまでもなく、数秒で「このサイトは良い」「ちょっと違う」を判断していませんか？　お客様は、サイトの良しあしを直感的に判断していきます。ファーストビューをどう見せるかが重要なのです。

「ページをスクロールしてもらえないかもしれない」と心配して、ファーストビューにあれもこれもと詰め込み過ぎているサイトも、よく見かけます。しかし、詰め込み過ぎは逆効果です。「いろんなことができる」というよりも「ここだけは他社に負けない」「ここが自慢」というところを1つに絞ってアピールしてみましょう。大手企業がひしめくネット業界です。「どこのポジションでも守れます」というオールマイティな選手ではなく、「サードならだれにも負けない」というスペシャリストを目指したほうがチャンスは広がると思います。

## なぜ、他社との違いがわかるキャッチコピーが大事なのか

あなたは検索した後に、何サイトくらいを比較していますか？　購入する場合と、

調べ物の場合では違うと思いますし、商品や緊急度合いにもよって違うと思いますが、少なくとも、1サイトだけを見て、即決断するということは少ないのではないでしょうか。リアルの店舗の場合は、比較するためには足を動かさなければなりません。交通費がかかることもあるでしょう。しかし、ECサイトの場合、机に座ったままで、北海道から沖縄まで、時には海外の店舗とも比較されているのです。

「よく見て比較してくれれば、他社との違いはわかってもらえるはず」という方もいると思いますが、サイトには3秒ルールがあります。じっくり見てもらえないのが現実です。一瞬でお客様の心をつかむためには、ファーストビューで何を伝えるかが決め手になります。特に、ECサイトは比較社会です。ファーストビューの画像やデザインも重要ですが、ライバルサイトと比較されたときに、自社サイトを選んでもらえるようなキャッチコピーを考えましょう。

選ばれる理由、他社との違いを打ち出すための方法が2つあります。1つは、ターゲットを絞る方法です。「チーズケーキ」と「60歳以上にオススメのチーズケーキ」を比較してみてください。「チーズケーキ」は、ターゲットを絞らずたくさんの方に食べてほしいという気持ちかもしれませんが、逆に誰にも響かない可能性もあります。「60歳以上にオススメのチーズケーキ」と書くと、ターゲットが狭くなりますが、60歳以上の人にとっては「え！　私？」と目をとめるきっかけになるでしょう。20代、30代の人が「60歳を超えたおばあちゃんにプレゼントしようかな。胃に優しいのかな。食べやすいのかな」などと想像し、ギフトとしての販売が期待できるかもしれません。

もう1つは、用途を絞る方法です。「朝専用缶コーヒー」いうキャッチコピーを付けてヒットしたのは、アサヒ飲料の「ワンダモーニングショット」です。いつ飲んでもおいしいコーヒーかもしれませんが、飲むタイミング（用途）を絞ったことが成功につながったのだと思います。「どこのポジションでもできます」というサッカー選手もいいですが、「左サイドバックは誰にも負けない」という長友のような選手が求められています。

## なぜ、ユーザー心理に沿った構成が必要なのか

あなたはチラシや雑誌などを手に取ったとき、どこから見ていきますか？　チラ

シの場合、全体を見渡し、気になるところから見ていくと思います。雑誌の場合も、パラパラめくり、興味のあるところをじっくりと読むでしょう。「好きなところから自由に読んでください」と、お客様に読み方を任せることができます。一方、ウェブの場合は、ファーストビューから入って、縦にスクロールしてもらうしかありません。途中で自由にクリックしてもらってもいいですが、ゴールは「購入ボタン」「資料請求ボタン」「問い合わせボタン」と決まっていることが多いです。

紙の媒体に比べて、ウェブ媒体というのは、目的が明確です。常にお客様に行動させることが求められているという点で、制作の難易度が高いと思います。「好きなところを見てください」と情報を並べておくだけではダメで、「こういうふうに見て、ここ(たとえば、購入ボタン)に到達して行動してください」と、縦スクロールしやすいページにしておく必要があります。お客様に行動してもらうためには、お客様の心を動かしていくことが必要。ユーザーの心理に沿ったページ作りが不可欠なのです。ユーザー心理に沿ったページについては、131ページで詳しく説明します。

## 紙媒体（チラシなど）とウェブの商品ページの違い

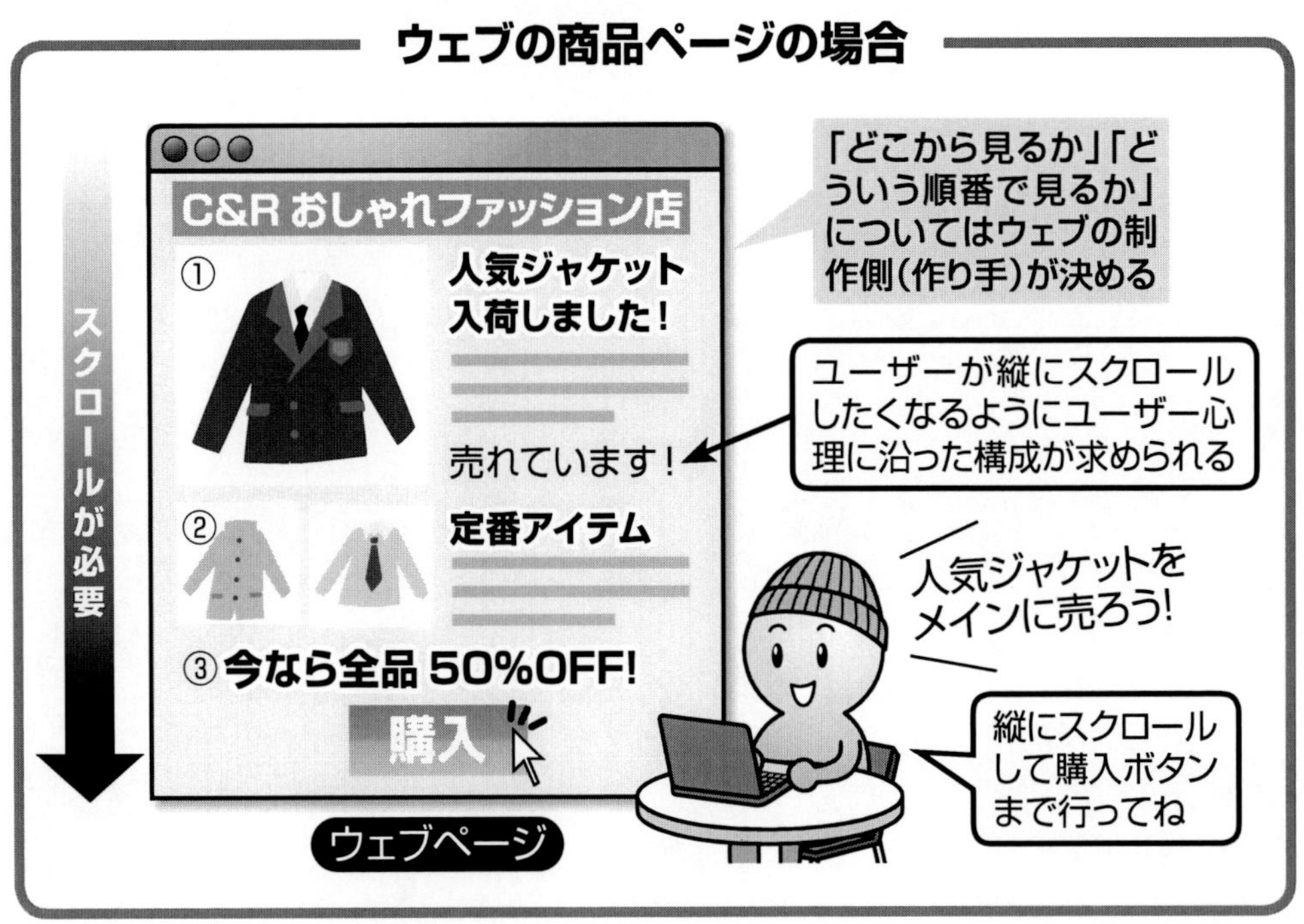

キューズベリー

## ママの不安に寄り添うこと！ 気持ちに沿った商品ページ

ユーザー心理に沿った構成の事例です。実際にお客様に会ってヒアリングを重ね、お客様が知りたい順番に情報を並べています。お客様が「私のためのページ」と感じるほど、緻密に設計された商品ページです。

大阪でママ&ベビー向け育児雑貨専門店「キューズベリー」の代表取締役を務める黄瀬正道氏は、商品ページを制作する際、お客様の悩みにこたえることが最も大事だと話します。黄瀬氏は、２００６年、母子手帳ケース専門店を筆頭に、マザーズバッグ専門店、抱っこひも専門店、マタニティ服・授乳服専門店などを次々に立ち上げました。生地、糸、ボタンにまでこだわり、作り手でもある黄瀬氏は、製品開発前から徹底的にお客様と対話し、困っていることや要望を直接ヒアリングします。１つの製品を作るのに数年間の時間をかけることも珍しくなく、期間中に何度も、お客様の意見、希望に耳を傾けます。

商品ページを作るときも同様。たとえば抱っこひもの場合でも「お客様は何を困っているんだろう？　どんなシーンで抱っこひもを使うんだろう？　抱っこひもに何を期待しているんだろう？」とヒアリングしたことを思い返します。お客様の「こんなことに困っている」「こんなふうになったらうれしい」という気持ちを、冒頭のキャッチコピーに応用します。

こうしてできたのが、こんなコピー。ぐっすり気持ちよく眠っている赤ちゃんを、抱っこひもで抱っこしているママの写真の横に「赤ちゃんも思わずぐっすり」のコピー。同じ抱っこひもでもクロス抱っこひもは、「肩腰に負担がかかってつらい」というママの声にこたえるべく、黄瀬氏が考案した新技術（特許取得中）により肩腰にかかる負担を軽減。商品ページでは、赤ちゃんを笑顔で見つめるママの横に「赤ちゃんの体重が半分に感じました」というコピーが目に飛び込んできます。ママたちの「困っている気持ち」にストレートに突き刺さるコピーになるのです。

ファーストビューでママの気持ちをつかんだ後も同じ考え方。「次に知りたいことは何だろう？　ママたちが気になることは？」と想像します。市販商品より高めの商品を納得していただくためには、ページの情報量も多くなります。「どんなシーンで使えるの？　カッコいい？　オシャレ？」と心配する気持ちが見つかれば、写真を多く取り入れたオシャレ感のあるコーナーを挿入します。「着脱は簡単？」「布製だけど色落ちしない？」「パパが付けても大丈夫？」「赤ちゃんの気持ちはどんな感じ？」と、常にお客様の気持ちに沿って、コンテンツを展開していくのがキューズベリー流。助産師さんとの開発経緯、こだわりのポイント、手作り感、品質チェックなどと読み進めるうちに、お客様の不安は次々に解消され、どんどん抱っこひもに引き込まれていくようです。

「うーん。でもなー」と迷うお客様に、確信を持たせるのが、ママからの嬉しい声、Q&A、メディア掲載歴などの安心感を与えるコーナーです。ここまで徹底的にママの気持ちを分析し、不安な気持ちに寄り添うキューズベリーでは、イチオシ商品を紹介するランディングページ制作には数カ月、100万円以上のお金をかけています。とことんお客様の気持ちを大切にする主義が、ママの気持ちを強くつかみ、キューズベリーファンを育てているのだと黄瀬氏は締めくくりました。

## キューズベリー

URL http://www.dakkohimo-cuseberry.com/

# ユーザー心理に沿った商品ページの作り方

## プラスの欲求 VS マイナスの欲求　心をつかむ2つの欲求

インターネットは便利な反面、商品に触ることができません。試食や試着もできない商品を、画面上で買う気にさせなければならないという難しさがあります。近所のドラッグストアやデパートに行けば購入できて、その日から使えるものを、インターネットの場合は送料をかけて何日も待たなければばらないのです。そんな面倒くさい状況でも、お客様に選んでいただく。そのためには、お客様の「強い欲求」が必要です。

欲求には2種類あります。プラスの欲求とマイナスの欲求です。プラスの欲求とは、「今よりももっとハッピーになりたい」という気持ちです。もっときれいになりたい、おいしいものが食べたい、売上げを上げたい……などが該当します。

マイナスの欲求とは、「今の困った状態を解決したい」という気持ちです。英語が話せなくて困っている、肌が乾燥して困っている、家の外壁がひび割れて困っている……など、不安、不満を何とか解決したいという心理です。

つまり売り手側は、お客様のプラスの欲求、またはマイナスの欲求にアプローチしていけばいいのです。そしてほとんどの商品はお客様に対し、プラスの欲求、マイナスの欲求両方でアプローチすることができます。たとえば、ボールペン。「スラスラ書けますよ。思わぬアイデアが浮かぶこともありますよ」などと伝えればプラス。「書きにくくてイラッとすることありませんか?」と伝えればマイナスの欲求へのアプローチになります。

タオルも同じ。「何度も顔を洗いたくなるタオルですよ」といえばプラス。「そのガビガビのタオルでいつまでもお子さんの顔を拭いていて、大丈夫ですか?」と迫ればマイナスの欲求へのアプローチです。あなたの商材でも練習してみてください。次のコーナーで、プラスの欲求にアプローチする書き方、マイナスの欲求にアプローチする書き方を、それぞれ詳しく解説します。

## 最初に何を伝えるかが重要

**プラスの欲求**

今よりも
もっとハッピーに
なりたい!

**マイナスの欲求**

今の困った状態を
解決したい

例：ボールペンの場合

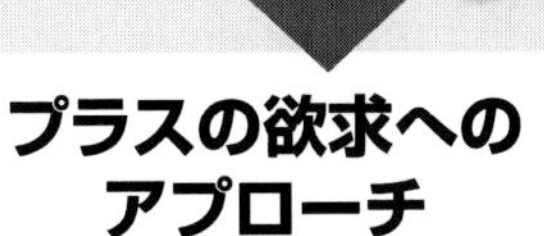

**プラスの欲求へのアプローチ**

スラスラ書けますよ!
思わぬアイデアが
浮かぶこともありますよ!

**マイナスの欲求へのアプローチ**

書きにくくてイラッとすること
ありませんか?

例：タオルの場合

**プラスの欲求へのアプローチ**

何度も顔を洗いたくなるタオルです。

**マイナスの欲求へのアプローチ**

そのガビガビのタオルでいつまでもお子さんの顔を拭いていて、大丈夫ですか?

## プラスの欲求にアプローチ「AIDCASの法則」

ファーストビューで、お客様の心をしっかりつかんだ後が肝心です。伝えたい情報をどういう順番で見せていけばいいのでしょうか？　「AIDCAS（アイドカス）の法則」は、お客様が買い物に至るまでの心理的プロセスのことです。人は商品に対し、注目→興味→欲求→確信→行動→満足という流れで気持ちが変化するという考え方です。

この心理プロセスに沿って、ウェブで文章を展開してみましょう。最初のA（注目）は、商品ページまでお客様を連れてくる役割として考えてください。お客様は検索、広告、メルマガ、クチコミなどで注目（A）して商品ページまでやってきます。最後のS（満足）は、購入後のお客様の気持ちとして商品ページでは考えないことにしてみましょう。残るは、興味→欲求→確信→行動です。

興味を持ってもらうためには、お客様のプラスの欲求（こうなりたい）を描くことが大事です。実際の商品ページで説明しましょう。ECサイト「生活雑貨の店スワン」（http://www.sassy-swan.com/）の手帳販売ページでは、冒頭のキャッチコピーで

「なりたい私になれる手帳　不思議と目標達成できる魔法の手帳」と書き、お客様のプラスの欲求を刺激します。お客様は「こうなりたい。なれるかも」と期待して手帳に興味を示します。

次は欲求です。先ほど示した「なりたい私になれる手帳」である理由、根拠になる情報を載せていきます。この店舗では、「なりたい私になれ

**AIDCASの法則に沿った商品ページの展開**

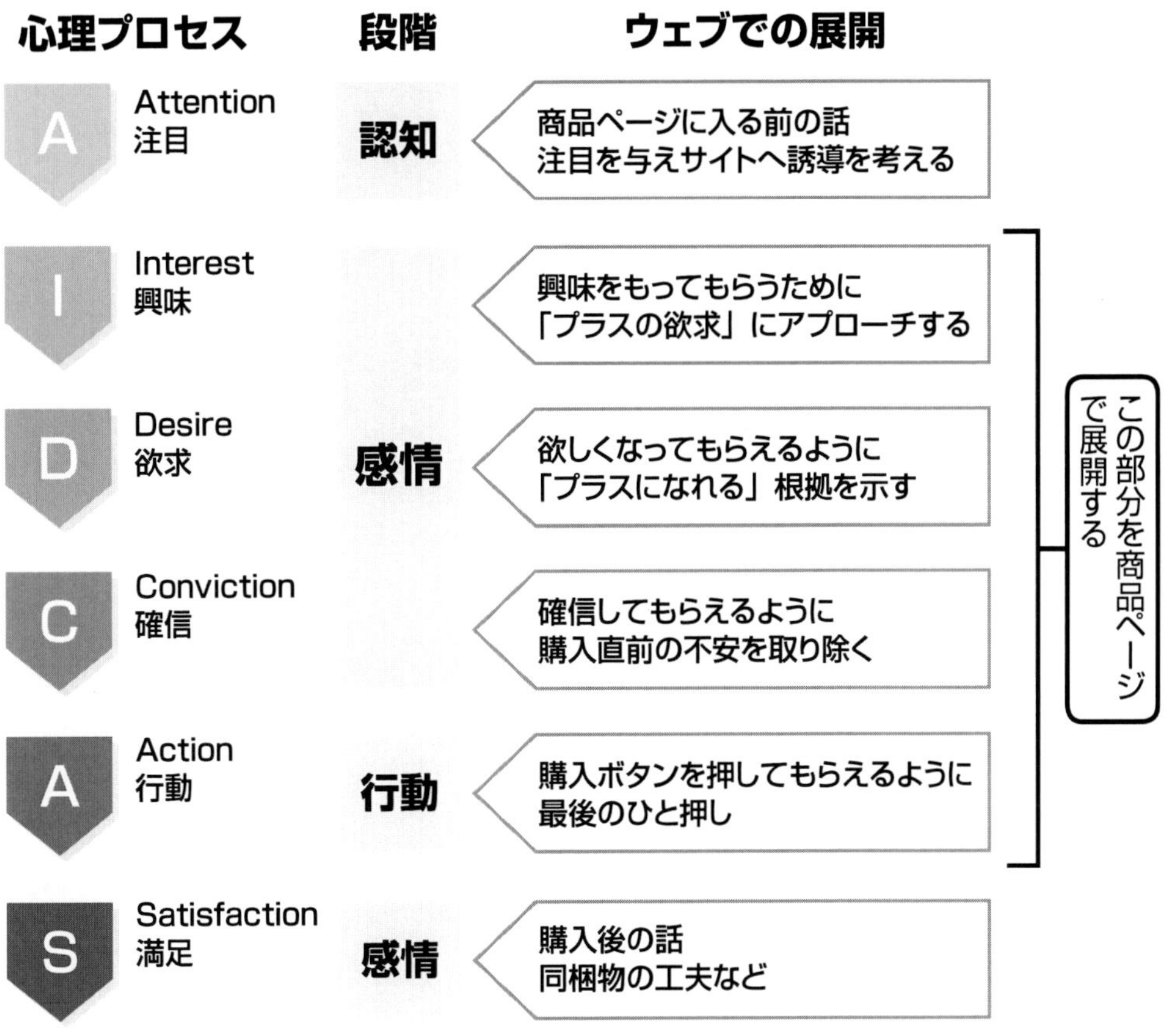

| 心理プロセス | 段階 | ウェブでの展開 |
|---|---|---|
| A Attention 注目 | 認知 | 商品ページに入る前の話<br>注目を与えサイトへ誘導を考える |
| I Interest 興味 | 感情 | 興味をもってもらうために<br>「プラスの欲求」にアプローチする |
| D Desire 欲求 | 感情 | 欲しくなってもらえるように<br>「プラスになれる」根拠を示す |
| C Conviction 確信 | 感情 | 確信してもらえるように<br>購入直前の不安を取り除く |
| A Action 行動 | 行動 | 購入ボタンを押してもらえるように<br>最後のひと押し |
| S Satisfaction 満足 | 感情 | 購入後の話<br>同梱物の工夫など |

（Interest〜Action：この部分を商品ページで展開する）

る3つの秘密」という見出しで、情報を掲載しています。理由に番号を付けて「秘密1」として「女性のためだけに。進化し続ける、オリジナルコンテンツである」と書いています。女性専用に開発されたオリジナルコンテンツが、あなたの「こうなりたい」を後押しします。「秘密2」「秘密3」も同様です。お客様の気持ちが「興味→欲求→確信→行動」と変化していけるように情報を並べています。

## 生活雑貨の店スワン

URL http://www.sassy-swan.com/

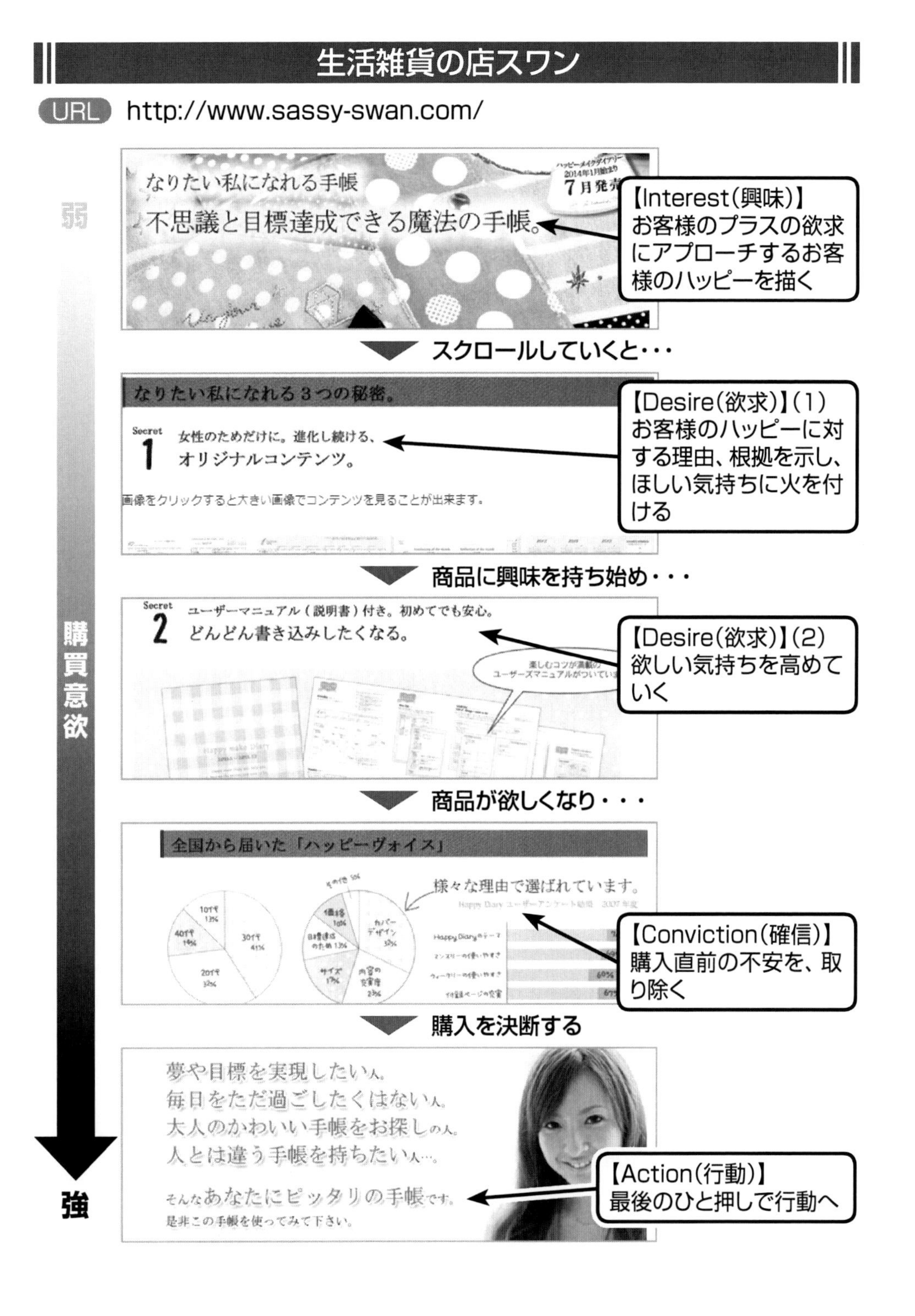

## 比較されても負けない「選ばれる理由」の盛り込み方

「AIDCASの法則」で最も悩むのが、Conviction（確信）の部分だと思います。欲しいという気持ちがだんだん高まってきたとき、私たちは一瞬、気持ちが覚める傾向にあります。リアルの場でも同じです。先日、デパートでTシャツを買おうと思ってレジに向かいながら「あれ？　同じような服、持っていたかも」と思って足を止めました。そこですかさず若い店員の方が「お客様、このTシャツ、この前、雑誌に取り上げられたんですよ」とひと言。ちょっとした優越感を抱きながら、私は「このTシャツを買おう」と確信しました。

お客様に確信を与える情報は、商品によって違います。レジまでの間に何を悩むかなと考えてみてください。たとえば食品。おいしそうだと思ってレジに向かいながら「待てよ。どうやって料理するんだろう」と思うかもしれません。すかさずレシピを見せましょう。「待てよ。我が家は3人家族。食べきれるかな」と悩むなら、保存方法を載せます。「ほんとうにおいしいかな」という疑問には、お客様の声やメディア掲載歴などが効き目ありです。お客様の立場になって、購入直前で感じる不安を考えてみましょう。不安を確信に変える情報は何ですか？　確信のコーナーは、お客様の背中を押すためのコーナーです。

## 行動を促すキャッチコピー

購入ボタンの直前で手を抜かないことも重要です。購入ボタンが、ポッンと置いてあるだけでは、お客様はそこで立ち止まってしまいます。リアルの買い物でも、レジ

**Conviction（確信）の例**

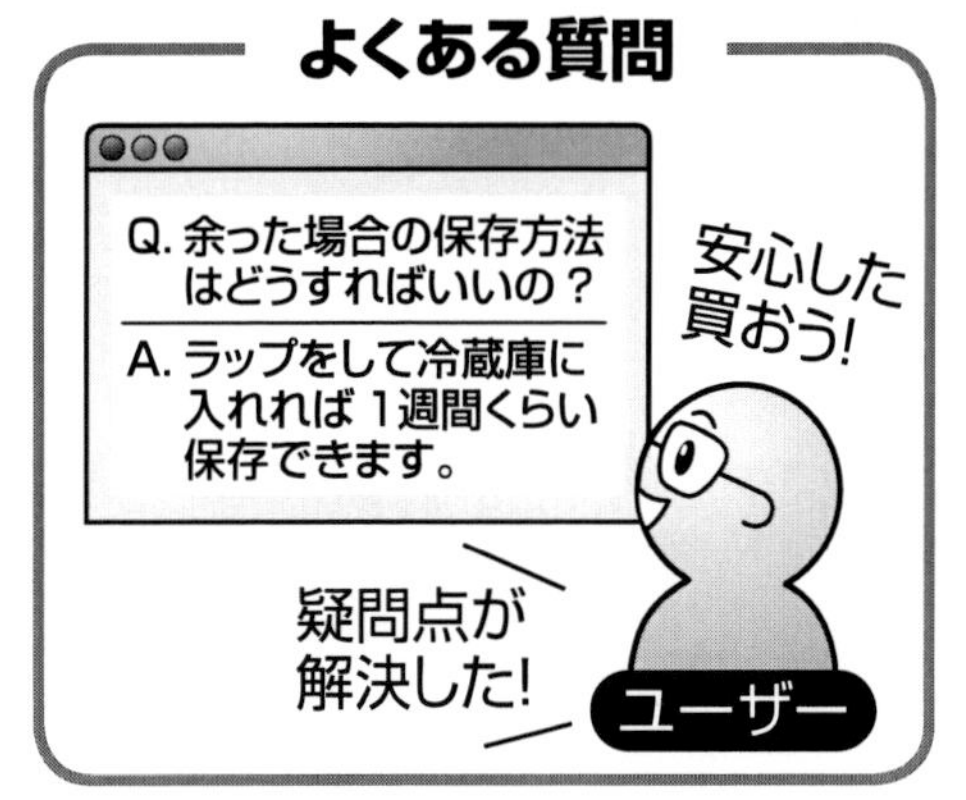

の手前で「待てよ……本当に買うべき？」と立ち止まって考えることがあると思います。そんなとき、「お客様、こちらでお伺いします」とレジへ促されたらどうでしょう？　思わず足が動き出しますよね。ネットでも同様です。購入ボタンの近くに「今すぐクリック」や「こちらからご購入ください」というコピーを入れましょう。これだけで購入者の数が増えます。

購入ボタンの直前では、「〜してください」と行動を促すコピーを入れるようにしてください。当社はメールマガジンの制作代行のビジネスを行っていますが、メールマガジンも同じです。本文中でＵＲＬをクリックしてもらうためには、「ＵＲＬの直前のコピーが肝心である」という点は、実際に複数のメールマガジンでテスト、検証済みです。最近はスマホでメルマガを見る人も増えているので、「クリックしてください」だけではなく、「お電話してください」などと書いて、お客様の行動を具体的に促すようにしています。

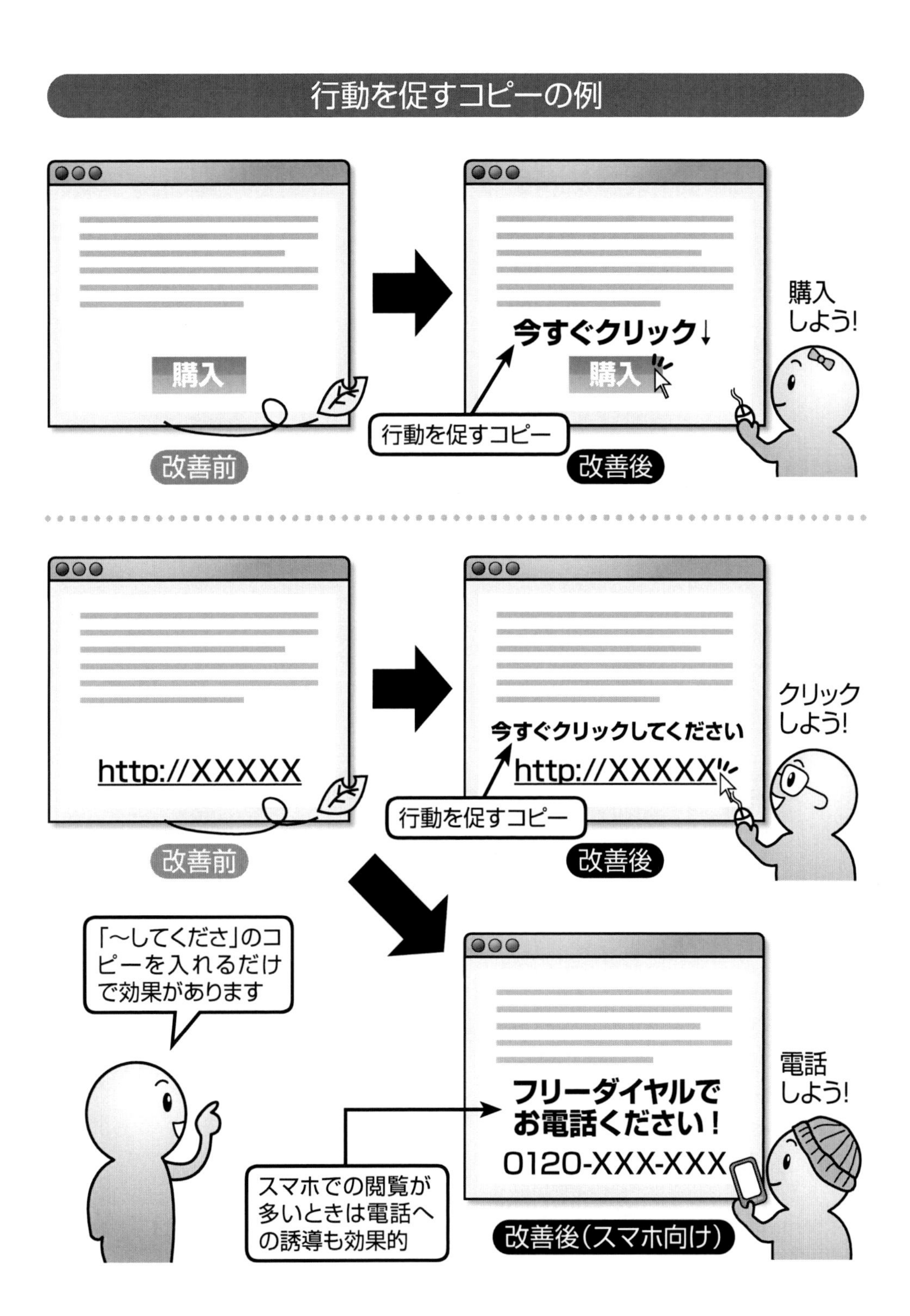

行動を促すコピーの例
購入
改善前
今すぐクリック↓
購入
行動を促すコピー
改善後
購入しよう!
http://XXXXX
改善前
今すぐクリックしてください
http://XXXXX
行動を促すコピー
改善後
クリックしよう!
「～してくださ」のコピーを入れるだけで効果があります
フリーダイヤルでお電話ください!
0120-XXX-XXX
スマホでの閲覧が多いときは電話への誘導も効果的
改善後(スマホ向け)
電話しよう!

生活雑貨の店スワン

事例

## 百貨店に勝つ！ キャッチコピーとユーザー心理で手帳を完売

ユーザー心理に沿った商品ページの事例です。プラスの欲求にアプローチする書き方「AIDCASの法則」に沿ったページ構成で、売り上げアップに成功しています。

本文中でも紹介したサイトです。あなたは手帳をネットで購入したいと思いますか？　手帳は1年間のお付き合い。手に取って選びたいと思う方は、リアル店舗で購入したいと考えるでしょう。最近はスマホのカレンダーを利用する人も多く、手帳は、ネットで売りにくい商材の1つです。新潟県で「生活雑貨の店スワン」の店長を務める渡辺将勝氏は、あえてこの難しい商品に挑戦し、売り上げを伸ばしています。

最初はECサイトの仲間たちからも「季節物で安価な手帳なんて売れないよ。時期が過ぎると不良在庫になるから、やめておいたら」と反対されました。周囲の予想通り、最初は売れませんでした。そこで渡辺氏が改良を繰り返したのがキャッチコピーです。本を参考に勉強したり、売れているショップのキャッチコピーを研究し、「不思議と目標達成できる魔法の手帳」とキャッチコピーを変更。冒頭で、手帳購入後のハッピーを描き、その下に「魔法の手帳」と呼ばれる理由を3つ並べたのです。手帳のスペックを説明をするのではなく、お客様が「こんなハッピーになります」という目線のページに変えたのです。

渡辺氏は売れた経緯をこう話します。「今のキャッチコピーに変えてから、急速に売れるようになりました。実はこの手帳は、他店でも買える商品です。うちよりも有名なお店、大きなお店でも売っていますが、負けていません。メーカーさんがうちのページを見て、直接お礼を言ってくれたこともありました。これは自信につながりました。手帳の売り上げは、キャッチコピーを見直す前の4倍以上にはなったんじゃないでしょうか。ページビュー１７５％アップ、ページ別訪問数１６９％アップ、直帰率10％改善などという数値も出ています」。キャッチコピーの効果はこれだけではありません。個人のブログでは、キャッチコピー付きで手帳が紹介されることも多く、クチコミ効果が絶大です。成約率アップのために見直したキャッチコピーが、訪問者数アップにも貢献しているのです。

## 生活雑貨の店スワンの商品ページ

URL http://www.sassy-swan.com/

## マイナスの欲求にアプローチ「PASONAの法則」

マイナスの欲求にアプローチしていく流れには「PASONA（パソナ）の法則」が適しています。「PASONAの法則」は、経営コンサルタント・作家の神田昌典氏が考案した法則。セールスレターの書き方でも使われています。

「PASONAの法則」は、お客様に対して、問題提起→あぶりたて→解決策の提示→絞り込み→行動という流れでトークを繰り広げていきます。「AIDCAS（アイドカス）の法則」と同様に、お客様の心理に沿った展開ができるので、ウェブに適した書き方です。テレビ通販のトークをよく聞いてみてください。「こんなことで困っていませんか？」とマイナスの欲求から繰り広げられるトークに、一瞬で引き付けられてしまいます。これが、「PASONAの法則」の威力です。

たとえば、英会話の教材を販売するのに「英会話の教材でこういうのがあるんですけど、いかがですか？」と唐突に話し始めたらどうでしょう。お客様は「売りつけられるかもしれない」と警戒心を高め、心にバリアをはるでしょう。最初に伝えるのは商品のことではありません。「相手が何に困っているか」を見つけましょう。「英語が苦手、と、あきらめていませんか?」「英語は難しいと思っていませんか?」と切り出してみるのです。商品のことは、まだ伝えません。「そのまま何もしないと、受験でも就職でも不利になってしまいますよ」と気持ちをあおっていきます。その後で、ようやく商品の話です。「あなたにぴったりの英会話教材があります」と、具体的に商品の説明を入れていくのです。お客様は「自分ごと」として商品について興味を持ってくれます。次は購入してもらえるように、最後のひと押しです。特典を付ける、割引をするなど「今回だけ……」と限定して付加価値を付けるとよいでしょう。

ポイントは「AIDCASの法則」の書き方と同じく「冒頭で商品名を出さない」ことです。「PASONAの法則」で説明するとこうなります。冒頭のキャッチコピーでは、問題提起(Problem)をして、お客様の不安なことを言葉にしてみます。解決策は、すぐに見せてはいけません。「そのままにしておくと、こんな危険が待っていますよ。大丈夫ですか?　そのままでいいのですか?」とお客様の不安な気持ちをあぶりたてていきます(Agitation)。そしてようやく商品名です。解決策(Solution)のところで、商品名、サービス名を提示し、具体的に解決策を説明していきます。行動に至る直前で絞り込み(Narrow Down)です。特典を付けて、購入ボタン(Action)への最後のひと押しをします。

### マイナスの欲求にアプローチした事例(情報商材を売る場合)

当社のサイトで「ビジネスメールの書き方講座」というオンライン講座を5250円で販売しています。あなたはこの講座、受講してみたいですか？

「メールは毎日書いている。特に困っていることもない」と思えば、無視すると思います。ではこんなキャッチコピーが書いてあったらどうですか？

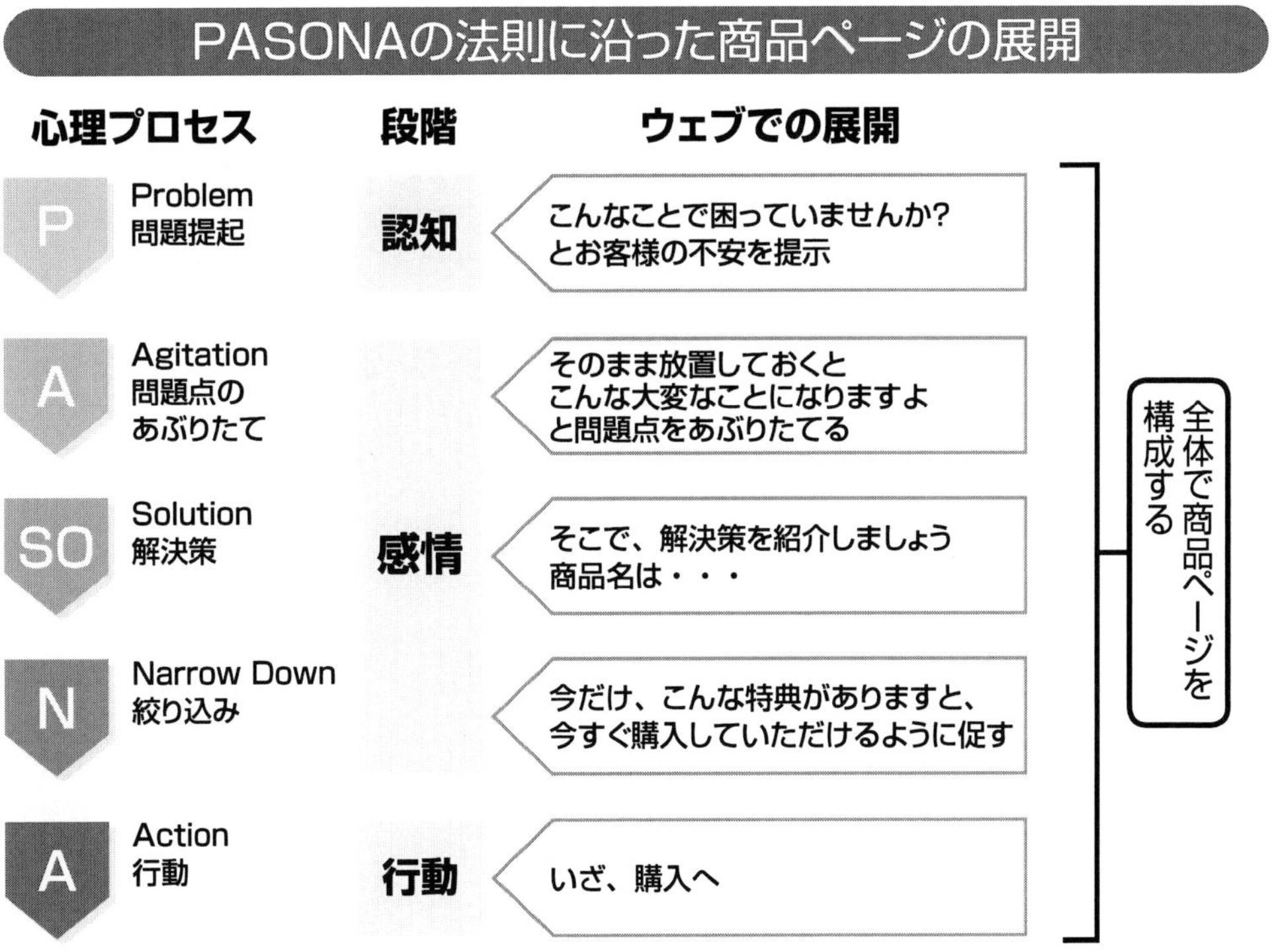

**PASONAの法則に沿った商品ページの展開**

| 心理プロセス | 段階 | ウェブでの展開 |
| --- | --- | --- |
| P Problem 問題提起 | 認知 | こんなことで困っていませんか？とお客様の不安を提示 |
| A Agitation 問題点のあぶりたて | 感情 | そのまま放置しておくとこんな大変なことになりますよと問題点をあぶりたてる |
| SO Solution 解決策 | 感情 | そこで、解決策を紹介しましょう 商品名は・・・ |
| N Narrow Down 絞り込み | 感情 | 今だけ、こんな特典がありますと、今すぐ購入していただけるように促す |
| A Action 行動 | 行動 | いざ、購入へ |

全体で商品ページを構成する

『「メールなんて、簡単！　誰にでも書ける」そう思ったあなたは、要注意！』

ドキッとした方もいるのではないでしょうか？　多くの人が「メールなんて、簡単！　誰にでも書ける」と思っているので、「そうだね」と共感すると同時に「要注意」の文字を見て「えっダメなの？　私のメール、間違ってるの？」と不安になるのです。「このままでは危険かもしれない」というマイナスの欲求にアプローチする書き方です。

「ビジネスメールの書き方講座」のページをご覧ください（次ページを参照）。「PASONAの法則」の流れで、ユーザー心理に沿った作りになっています。「メールなんて、簡単！　そう思ったあなたは要注意」と問題提起した後に、すぐに解決策を提示しないのがポイント。「そのまま放置して自己流メールを書き続けていると、こんなトラブルに巻き込まれるかもしれませんよ」と、しっかりとあおっています。

前にも書きましたが、ウェブには一覧性がありません。ページを作る人が、「このキャッチコピーから入って、この順番で読んでください」と縦にスクロールさせるしかないのが、ウェブの難しいところです。縦方向にぐいぐいスクロールしてもらうために、ユーザー心理に沿って文章を展開していく必要があるのです。

## グリーゼのオーディオブックページ

URL http://gliese.jp/

弱

【Problem（問題提起）】
お客様の不安、困りごと
を提示

スクロールしていくと・・・

危険！自己流メールのマナーと書き方

企業のインターネット普及率が 99 %を超えた今日、メールでのコミュニケーションの機会は、ますます増えています。1日に何十通ものメールを書いている方も多いと思います。しかし、メールのマナーや書き方を、社内教育として実施している企業は、まだまだ少ないのが現状。つまり、みんな"自己流"なのです。

メールは、便利なツールです。うまく活用すれば、連絡用だけではなく、仕事を効率化し、コミュニケーションを深め、コスト削減にも役立ちます。ビジネスシーンにおいて、ますますメールの重要性は高まってくるでしょう。企業間のコミュニケーションにおいても、メールの役割が大きくなっている状況の中、いつまでも"自己流"で満足していますか？

【Agitation（あぶりたて）】
問題点を深掘りして不安な
気持ちをあぶりたてていく

ビジネスメールで、好感度アップ&仕事の効率アップ

こんにちは。ふくだたみこです。

2009 年 4 月から、ラジオ NIKKEI「不安解消！社会人の燃えるメール塾」という番組で、パーソナリティを務めさせていただいております。ビジネスメールのマナーと書き方をお伝えしながら、たくさんのビジネスパーソンの、メールに関するお悩み、質問に答えてきました。

メールは単なる連絡用のツールではなく、コミュニケーションを図り、ビジネスを推し進める力強い存在になりつつあります。情報を的確に伝えることと同時に、相手に好感をもたれるメール、仕事の効率を上げるメール術が、求められています。

この講座では、ビジネスメールの基本的なマナーと書き方について解説しています。実際にメールを書いていただく演習問題も入っています。

【Solution（解決策の提示）】
商品名を提示し、商品の特徴
を説明

商品に興味を持ち始め・・・

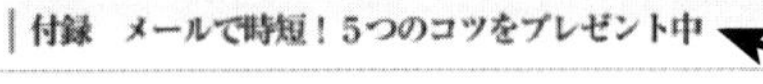


1日の中で、メールに費やす時間は、どのくらいでしょうか？

みなさんのメール時間を短縮する5つのコツを、付録のテキストとしてまとめました。約10ページの小冊子（音声なし）ですが、ぜひご覧ください！

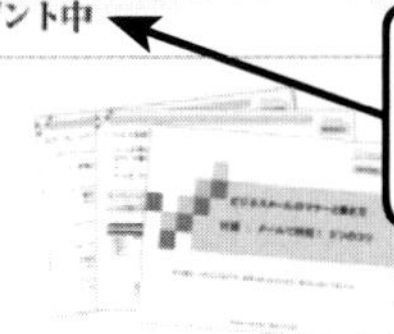

【Narrow Down（絞り込み）】
特典を付けるなどして行動し
やすい状況へ

購入を決断する

"デキる"と思われる！
ビジネスメールの
マナーと
書き方講座

【iPodにも入れられるMP3形式でお届け】"デキる"と思われる！ビジネスメールのマナーと書き方講座

特別価格　5,250円
（消費税込・送料別・手数料別）
購入数　1　EA

【Action（行動）】
行動へ

強

## 今すぐ買う理由、ここで買う理由の作り方

「PASONAの法則」の「Narrow Down」（絞り込み）の部分には、今すぐ買う理由、ここで買う理由を盛り込みましょう。私が初めてECサイトのメールマガジンを担当したのは、楽天市場に出店していたおもちゃ屋さんでした。当時まだ30代前半だった私は、先輩スタッフにダメ出しをされながら、週に1本のメールマガジンを書いていました。その当時、楽天市場で教えてもらったのが「刺激、限定、理由」という、購入の直前で迷っている人の背中を押す3つの要素でした、私はメールマガジンでよくこの3要素を活用していました。

### 刺激

刺激的な言葉は、人によって違うと思いますが、ネットの場合は、「送料無料」「お試し価格」「お買い得」などのお得感を表す言葉が該当します。1円、99円、1998円のように金額そのものが刺激的な場合もあります。「○○賞受賞」「○○さんが推薦」「雑誌○○に取り上げられました」などの、権威付けになるような言葉も、お客様にとっての刺激となります。権威付けができると「他のお店で買おうかな」という迷

いを払しょくし、「このお店で買うべき」という気持ちにさせることができます。

### 限定

限定を表す言葉としては、「本日限り」「3日間限り」と、時期や期間を限定する方法があります。「後にしようか」という迷いを断ち切り、「今買おう」と思わせる効果があります。「100名限定」と人数を限定することもできます。人数を限定されると、人はその中に入りたいという欲が出るのです。私自身も、デパ地下で「限定30名」に入りたくて、買わなくてもいいロールケーキの列に並びました。「お一人様3個限定」につられ、食べきれなかったという経験もあります。

### 理由

人間は、疑い深い生き物です。「半額セール」と言われても、素直に喜べません。物が悪いのでは？　流行遅れなのでは？　賞味期限は大丈夫？　など、疑ってかかってきます。「閉店につき、半額セール」と理由があれば、安心感がでます。理由が具体的であれば具体的であるほど、信ぴょう性があります。「店長の誕生日につき」「仕入れを間違って、エビが大量にあるので」など、クスッと笑える理由を付けているECサイトもあります。迷いを払しょくできる言葉はないか、お得な理由を述べられないか、と考えてみてください。

COLUMN

## 購入ボタンの位置

楽天市場の商品ページなどに代表されるとおり、最近は縦に長いページが流行しています。クリックして別ページへ遷移させる作りの場合、多くのユーザーがクリックせずに離脱してしまうからです。縦に長いページの場合、購入ボタンの置き方に工夫が必要です。私もよくネットで買い物をしますが、買いたいときに購入ボタンがなく、下までスクロールするのが面倒だったり、ボタンを探したりしている間に「やっぱりいいや」と買う気が失せてしまうこともあります。商品ページの一番下に購入ボタンを配置しておくだけでは、不足しています。ユーザーの心が動いた瞬間に、購入ボタンが押せるようにしておきましょう。

配置のタイミングを考えるときは、ユーザー心理を想像してください。冒頭のキャッチコピーだけで買わせる自信があれば、ファーストビューに「購入ボタン」を置くのもよいでしょう。他店の売れている商品ページを研究してみてください。

## AIDCASとPASONAの違い

**AIDCAS**

- **A**：商品ページへの誘導（広告、メルマガなどで注目させる）
- **I**：購入後のハッピーを描く 商品、サービスへの興味をもたせる（チラ見せ）
- **D**：ベネフィットの根拠を書く こんなに便利（3つのメリット） こんなに簡単（操作方法）
- **C**：確信を持ってもらう話題（お客様の声、メディア掲載歴など）
- **A**：わかりやすく書く 行動を後押しする一言があるといい
- **S**：購入後、商品到着後の満足（Satisfaction）

（I〜A：商品ページ）

**PASONA**

- **P**：こんなことで困っていませんか？
- **A**：そのまま放置すると、こんな事態に・・・
- **SO**：これを利用してみてください。こんなに便利、こんなにいいことがありますよ。
- **N**：今なら・・・or 限定で・・・ or いつまでに
- **A**：わかりやすく書く 行動を後押しする一言があるといい

（P〜A：商品ページ）

## テンプレートに沿って商品ページを作ってみよう

❶ 以下のテンプレートで基本構成を作る
❷ 情報を肉付けして、より内容の深い商品ページにアレンジする

**AIDCASの法則で作る商品ページテンプレート**

○○になれる! 3つの理由

① ××××××××××××××
××××××××××××××

② ××××××××××××××
××××××××××××××

③ ××××××××××××××
××××××××××××××

欲 求

お客様の声
スタッフのひとこと

確 信

最後のひとことキャッチ

行 動

**PASONAの法則で作る商品ページテンプレート**

○○を解決できるのがこれ
解決できる! 3つの理由

① ××××××××××××××
××××××××××××××

② ××××××××××××××
××××××××××××××

③ ××××××××××××××
××××××××××××××

解決策

今だけ!など限定

絞り込み

最後のひとことキャッチ

行 動

## ワークシート（※コピーして使用してください）

❶ 以下のテンプレートで基本構成を作る
❷ 情報を肉付けして、より内容の深い商品ページにアレンジする

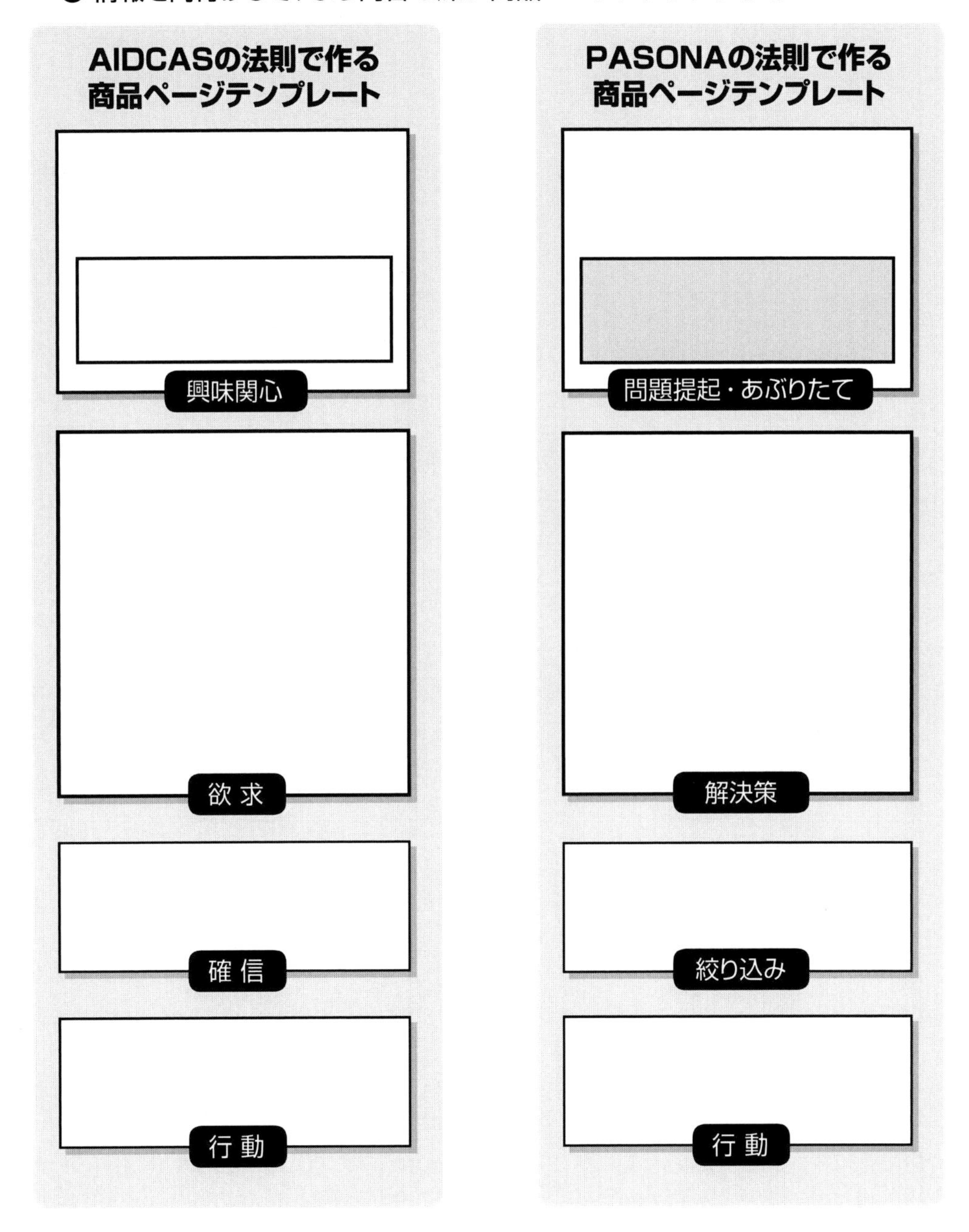

# 第4章

# お客様を引き付けるキャッチコピーライティング～成約率アップ②～

# ぐいぐいスクロールさせるキャッチコピーのワクワク効果

## 見出しとキャッチコピーの違い

キャッチコピーの作り方の前に、見出しとキャッチコピーの違いを説明させてください。この違いがわかると、キャッチコピーが作りやすくなります。本文が複数のブロック（パラグラフ）に分かれる場合、各ブロックの前に見出しが入ると、文章として読みやすくなります。

では、見出しはどうやって作るのでしょう？　見出しは、次に続く文章の内容を要約して作ります。お客様は見出しだけ見れば、ある程度、内容を把握できるというメリットがあります。その続きを読むか読まないかを、お客様が瞬時に判断できるという点もメリットです。多くのお客様は、もともと隅から隅まで文章を読もうと思ってサイトに訪問しているわけではありません。見出しだけ見て、自分にとって

## 見出しのあり・なしの比較

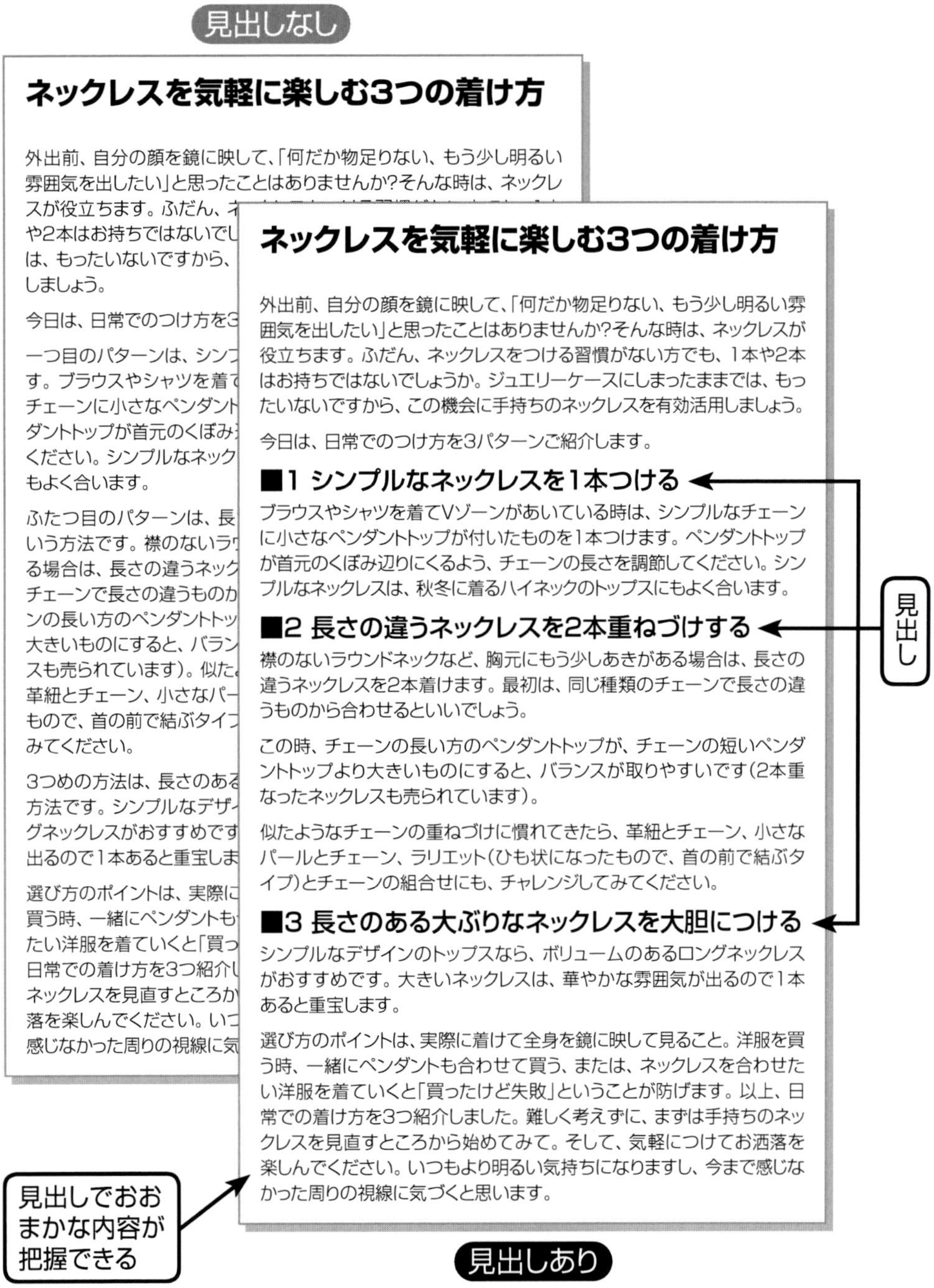

見出しなし

**ネックレスを気軽に楽しむ3つの着け方**

外出前、自分の顔を鏡に映して、「何だか物足りない、もう少し明るい
雰囲気を出したい」と思ったことはありませんか?そんな時は、ネックレ
スが役立ちます。ふだん、ネ
や2本はお持ちではないでし
は、もったいないですから、
しましょう。

今日は、日常でのつけ方を3

一つ目のパターンは、シンプ
す。ブラウスやシャツを着て
チェーンに小さなペンダント
ダントトップが首元のくぼみ
ください。シンプルなネック
もよく合います。

ふたつ目のパターンは、長
いう方法です。襟のないラウ
る場合は、長さの違うネック
チェーンで長さの違うものか
ンの長い方のペンダントトッ
大きいものにすると、バラン
スも売られています)。似た
革紐とチェーン、小さなパー
もので、首の前で結ぶタイプ
みてください。

3つめの方法は、長さのある
方法です。シンプルなデザイ
グネックレスがおすすめです
出るので1本あると重宝しま

選び方のポイントは、実際に
買う時、一緒にペンダントも
たい洋服を着ていくと「買っ
日常での着け方を3つ紹介し
ネックレスを見直すところか
落を楽しんでください。いつ
感じなかった周りの視線に気

**ネックレスを気軽に楽しむ3つの着け方**

外出前、自分の顔を鏡に映して、「何だか物足りない、もう少し明るい雰囲気を出したい」と思ったことはありませんか?そんな時は、ネックレスが役立ちます。ふだん、ネックレスをつける習慣がない方でも、1本や2本はお持ちではないでしょうか。ジュエリーケースにしまったままでは、もったいないですから、この機会に手持ちのネックレスを有効活用しましょう。

今日は、日常でのつけ方を3パターンご紹介します。

**■1 シンプルなネックレスを1本つける**

ブラウスやシャツを着てVゾーンがあいている時は、シンプルなチェーンに小さなペンダントトップが付いたものを1本つけます。ペンダントトップが首元のくぼみ辺りにくるよう、チェーンの長さを調節してください。シンプルなネックレスは、秋冬に着るハイネックのトップスにもよく合います。

**■2 長さの違うネックレスを2本重ねづけする**

襟のないラウンドネックなど、胸元にもう少しあきがある場合は、長さの違うネックレスを2本着けます。最初は、同じ種類のチェーンで長さの違うものから合わせるといいでしょう。

この時、チェーンの長い方のペンダントトップが、チェーンの短いペンダントトップより大きいものにすると、バランスが取りやすいです(2本重なったネックレスも売られています)。

似たようなチェーンの重ねづけに慣れてきたら、革紐とチェーン、小さなパールとチェーン、ラリエット(ひも状になったもので、首の前で結ぶタイプ)とチェーンの組合せにも、チャレンジしてみてください。

**■3 長さのある大ぶりなネックレスを大胆につける**

シンプルなデザインのトップスなら、ボリュームのあるロングネックレスがおすすめです。大きいネックレスは、華やかな雰囲気が出るので1本あると重宝します。

選び方のポイントは、実際に着けて全身を鏡に映して見ること。洋服を買う時、一緒にペンダントも合わせて買う、または、ネックレスを合わせたい洋服を着ていくと「買ったけど失敗」ということが防げます。以上、日常での着け方を3つ紹介しました。難しく考えずに、まずは手持ちのネックレスを見直すところから始めてみて。そして、気軽につけてお洒落を楽しんでください。いつもより明るい気持ちになりますし、今まで感じなかった周りの視線に気づくと思います。

見出し

見出しでおおまかな内容が把握できる

見出しあり

必要な情報だけを、効率よく読み進めたいのです。
ページを作る側としては、お客様に効率よく読み飛ばされては困る場合もあります。商品ページでは、下までスクロールしてもらい、購入ボタンをクリックしてほしいものです。そこでキャッチコピーの登場です。

見出しとキャッチコピーは違います。見出しは本文の要約です。読者に「この後に何が書いてあるか」を伝える役割があります。キャッチコピーはつかみです。読者に「この後、おもしろいことが書いてあるから読んでね」と引き付けるのが役割です。キャッチコピーは、キャッチコピーに続く本文の中でいちばん印象的な部分、お客様の興味を引きそうな部分だけにスポットを当てて、その部分をピックアップ（抜粋）して作ります。お客様に「え？　なになに？　続きに何が書いてあるの？」と読む気を与えるのがキャッチコピーの仕事です。本文が同じでも、見出しをキャッチコピーに変えてあげると、不思議と魅力的なページに見えてきます。

## 要約的な見出しをキャッチコピーに変更した例1

| 要約的な「見出し」 | キャッチコピーに変更 |
| --- | --- |
| 【1】システムAのサービス概要<br>○○○○○○○○○○○○○○<br>○○○○○○○○○○○○ | 【1】初期設定ナシのサービスが実現!<br>○○○○○○○○○○○○○○<br>○○○○○○○○○○○○ |
| 【2】システムAの特徴<br>○○○○○○○○○○○○○○<br>○○○○○○○○○○○○ | 【2】7つの機能でコストも削減<br>○○○○○○○○○○○○○○<br>○○○○○○○○○○○○ |
| 【3】システムAの利用方法<br>○○○○○○○○○○○○○○<br>○○○○○○○○○○○○ | 【3】2分でマスター!簡単操作が自慢<br>○○○○○○○○○○○○○○<br>○○○○○○○○○○○○ |
| 【4】システムAの申し込み方法<br>○○○○○○○○○○○○○○<br>○○○○○○○○○○○○ | 【4】1日30件!お申し込みは今すぐ!<br>○○○○○○○○○○○○○○<br>○○○○○○○○○○○○ |

## 要約的な見出しをキャッチコピーに変更した例2

**要約的な「見出し」**

先輩社員へのインタビュー

営業部　山田太郎
2013年入社

1：仕事の内容
○○○○○○○○○○○○

2：1日のスケジュール
○○○○○○○○○○○○○○○○

3：入社の決め手
○○○○○○○○○

4：その他
○○○○○○○○○○○○○○

**キャッチコピーに変更**

先輩社員へのインタビュー

**お客様との架け橋になりたい!**

営業部　山田太郎
2013年入社

1：お客様の窓口として【仕事の内容】
○○○○○○○○○○○○

2：2時間集中【1日のスケジュール】
○○○○○○○○○○○○○○○

3：夢を持てる職場【入社の決め手】
○○○○○○○○○

4：休日も120%楽しく【その他】
○○○○○○○○○○○○○○

## キャッチコピーの役割

ウェブのキャッチコピーの役割は、2つあります。1つは、一瞬でお客様の心をつかむこと。引き付けることが仕事です。もう1つは、ページを下へ下へとスクロールさせることです。本文の内容とまったく違うコピーは許されませんが、多少トリッキーでもいいので工夫しましょう。お客様がそのページから離脱しないように、引き付けるキャッチが求められています。私は、キャッチコピーを

**ウェブで必要なキャッチコピー**

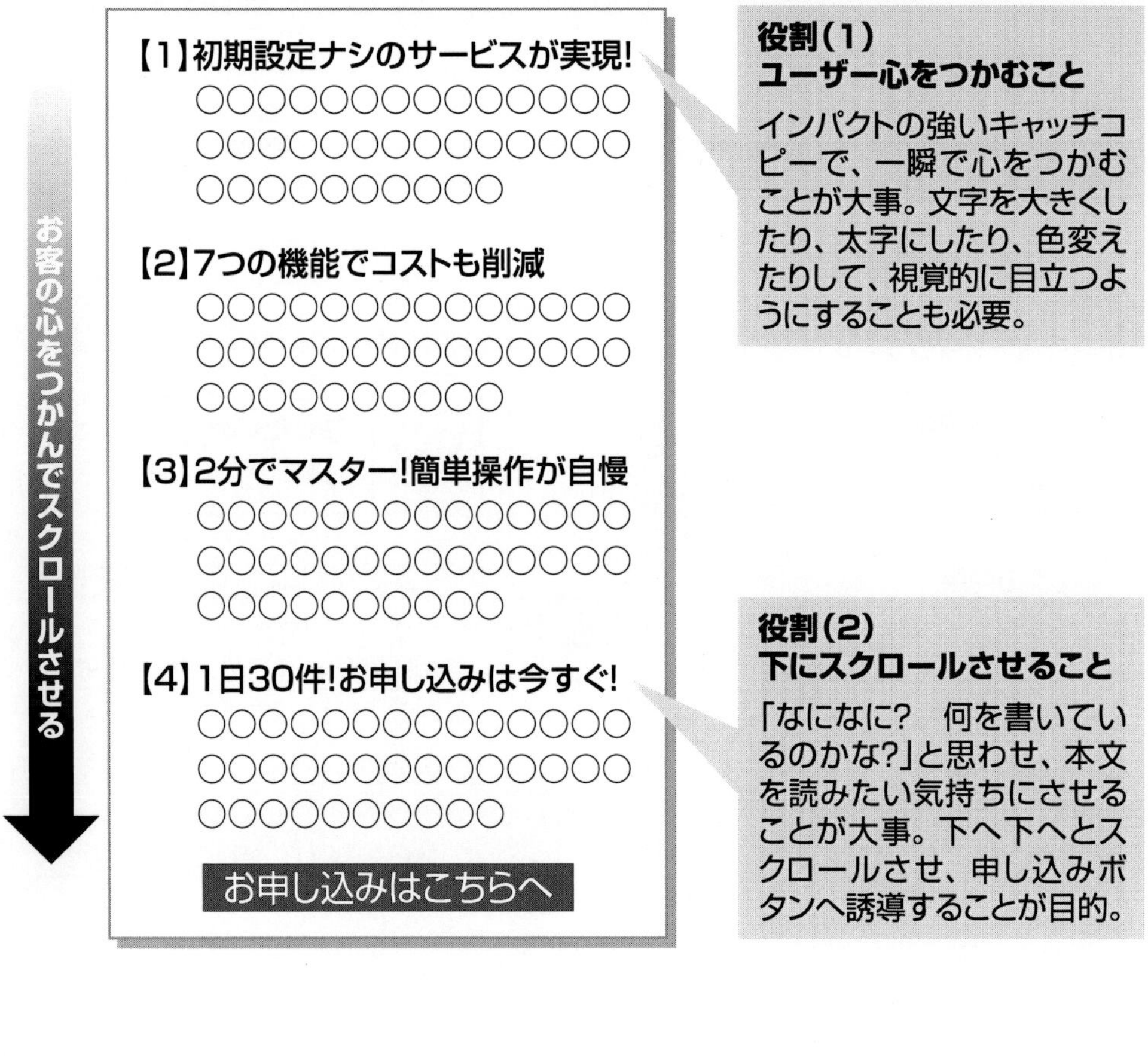

お客の心をつかんでスクロールさせる

【1】初期設定ナシのサービスが実現!
○○○○○○○○○○○○○○
○○○○○○○○○○○○○○
○○○○○○○○○○

【2】7つの機能でコストも削減
○○○○○○○○○○○○○○
○○○○○○○○○○○○○○
○○○○○○○○○○

【3】2分でマスター!簡単操作が自慢
○○○○○○○○○○○○○○
○○○○○○○○○○○○○○
○○○○○○○○○○

【4】1日30件!お申し込みは今すぐ!
○○○○○○○○○○○○○○
○○○○○○○○○○○○○○
○○○○○○○○○○

お申し込みはこちらへ

**役割(1)**
**ユーザー心をつかむこと**
インパクトの強いキャッチコピーで、一瞬で心をつかむことが大事。文字を大きくしたり、太字にしたり、色変えたりして、視覚的に目立つようにすることも必要。

**役割(2)**
**下にスクロールさせること**
「なになに? 何を書いているのかな?」と思わせ、本文を読みたい気持ちにさせることが大事。下へ下へとスクロールさせ、申し込みボタンへ誘導することが目的。

作るとき、心の中で「キャッチ&ゴー」と唱えています。キャッチは、お客様の心をつかむことです。ゴーは、その先にスクロールさせることです。この両輪がそろってこそ、お客様をページから離脱させないキャッチコピーが作れると思います。

キャッチコピーが活躍するのは、商品ページだけではありません。インタビューページ、お客様の声、代表者のあいさつなども、キャッチコピーが力を発揮します。161ページや164ページの見出しのページとキャッチコピーのページを比較してみてください。どちらがお客様の心を引き付け、下へスクロールしたい気持ちにさせるでしょう。

## 要約的な見出しをキャッチコピーに変更した例3

**要約的な「見出し」**

お客様の声

神奈川県　42歳　女性
○○○○○○○○○○○○○○○
○○○○○○○○○○○

熊本県　27歳　女性
○○○○○○○○○○○○○○○
○○○○○○○○○

東京都　51歳　男性
○○○○○○○○○○○○○○

岩手県　38歳　男性
○○○○○○○○○○○○

**キャッチコピーに変更**

**感動の声が1000件　お客様の声**

**目覚めの1杯はにんじんジュース**
神奈川県　42歳　女性
○○○○○○○○○○○○○○○
○○○○○○○○○

**無農薬にんじん=子どもにも安心**
熊本県　27歳　女性
○○○○○○○○○○○○○○

**甘味があり毎日飲みたいおいしさ**
東京都　51歳　男性
○○○○○○○○○○○○○○○
○○○○○○○○○○○

## 要約的な見出しをキャッチコピーに変更した例4

**要約的な「見出し」**

代表挨拶

○○○○○○○○○○○
○○○○○○○○○○○
○○○○○○○○○

約束1
○○○○○○○○○○○○○○○

約束2
○○○○○○○○○○○○○○○○
○○○○○○○○

約束3
○○○○○○○○○○○○○○

代表取締役社長　山田太郎

**キャッチコピーに変更**

代表挨拶
**3つの約束**

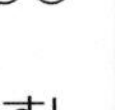

○○○○○○○○○○○
○○○○○○○○○
次の3つの約束をします！

**約束1：お客様目線を忘れずに！**
○○○○○○○○○○○○○○○

**約束2：地域の方との連携を大事に！**
○○○○○○○○○○○○

**約束3：子どもたちの幸せを願って！**
○○○○○○○○○○○○○○

**最後に、もう一度繰り返したいことは**
○○○○○○○○○○○○○○

代表取締役社長　山田太郎

## 見出しとキャッチコピーの使い分け

見出しとキャッチコピーは、使い分けてください。すべてのページで、見出しをキャッチコピーに変えたほうがよいかというと、答えはノーです。見出しのほうがよい場合もあります。たとえば、申し込み手順や操作手順を伝えるようなページでは、わかりやすいことが求められます。お客様が必要なところを探しやすく、効率的に処理できるためには、そこに何が書いてあるのかが明確にわかる「見出し」のほうが親切です。マニュアル的な部分は、見出しのほうがよさそうです。

ＳＥＯの観点で考えても、見出しのほうが有利です。見出しとキャッチコピーを比較してみてください。ページの目標キーワードが「システムＡ」だった場合、見出しの場合は「システムＡ」を多く含めることが可能です。「システムＡのサービス概要」「システムＡの特徴」「システムＡの利用方法」「システムＡの申し込み方法」などと、すべての見出しに目標キーワードを含めることも容易です。ＳＥＯで有利になる「見出し」を選ぶか、お客様を引き付ける「キャッチコピー」を選ぶかは、そのページの目的などで判断していきましょう。

## 要約的な「見出し」と「キャッチコピー」の使い分け

要約的な「見出し」

目的のキーワードが多く含まれるので、SEO的に有利

【1】システムAのサービス概要
○○○○○○○○○○○○○
○○○○○○○○○○○○○
○○○○○○○○○○○○

【2】システムAの特徴
○○○○○○○○○○○○○
○○○○○○○○○○○○○
○○○○○○○○○○○○

【3】システムAの利用方法
○○○○○○○○○○○○○
○○○○○○○○○○○○○
○○○○○○○○○○○○

【4】システムAの申し込み方法
○○○○○○○○○○○○○
○○○○○○○○○○○○○
○○○○○○○○○○○○

お申し込みはこちらへ

キャッチコピー

【1】初期設定ナシのサービスが実現!
○○○○○○○○○○○○○○
○○○○○○○○○○○○○○
○○○○○○○○○○

【2】7つの機能でコストも削減
○○○○○○○○○○○○○○
○○○○○○○○○○○○○○
○○○○○○○○○○

【3】2分でマスター!簡単操作が自慢
○○○○○○○○○○○○○○
○○○○○○○○○○○○○○
○○○○○○○○○○

【4】1日30件!お申し込みは今すぐ!
○○○○○○○○○○○○○○
○○○○○○○○○○○○○○
○○○○○○○○○○

お申し込みはこちらへ

目的のキーワードが含まれにくくなるが、お客様の心を引き付け、読む気にさせるのは、キャッチコピーのほうが得意

ページの目的に応じて、見出しとキャッチコピーを使い分けることが大切です

富士通ラーニングメディア

## 事例 サービス名に付けるキャッチコピーは「自分ごと」

コース紹介ページに、お客様が「自分ごと」と思えるようなキャッチコピーを付け集客率アップにつなげている事例です。単なる「見出し」ではなく、コース受講後の自分を想像できるような「キャッチコピー」を付けることが成功の秘訣です。

株式会社富士通ラーニングメディアは、企業の人材育成を支援するサービスを提供しています。ＩＴ系からヒューマンスキルまで約８８０のコースを開設し、ウェブ経由での申し込みが可能です。各コースの説明は、紙媒体のコースカタログとほぼ同じ形式。コース名、受講者レベル、受講料、コース概要、到達目標などが、表形式に掲載されています。ビジネス推進部の片桐氏は「当社は富士通グループだけではなく、一般企業の方や官公庁の方など、多くの方にご受講いただけるよう、わかりやすい情報提供を心掛けています。最近では競合他社にも変化が見られ、大手電機メーカー系列の研修会社だけでなく、特定分野に強みを持つ企業も増えてきています。ただコースを掲載しておくだけではお客様に選んでいただけなくなってきました」と語ります。

富士通ラーニングメディアでは、認知拡大、集客力のアップ、成約率のアップを目的として、SEO、サイトの改善、ブログ、メルマガ、フェイスブックなどにも力を入れています。サイト面で改善したことの1つが、コース紹介ページの見直しでした。カタログ形式からの脱却です。佐々木明美氏は「お客様が知りたいのは、コースの説明ではないのです。自分が仕事で抱えている課題を解決できるのかどうか、という受講後のゴールです。このコースを受けるとこういう課題が解決できますよ、ということを伝えないと、自分ごとと思ってもらえないんですよね」と、ページ改善の方向性を示しました。

最初に見直しを行ったのは30コース。コース名に自分ごとと感じてもらえるようなキャッチコピーを付けました。たとえば「ネットワーク基礎」というコース名だけよりも「LANを自分で構築！　簡単なトラブルなら自分で解決！　ネットワーク基礎」のほうが、自分ごとに置き換えやすくなります。「このコースを受けると、あなたのこんな課題が解決できるんですよ」ということを明確にしています。さらに各コースの「選ばれる理由」を3点抽出。「どんな講座なのか」を説明するのではなく、「何ができるようになるのか」を具体的に示しています。受講を迷っている人はスクロールしながら「こんなことができる自分」「成長していく自分」を想像できるように設計されています。現在は、主要なコースには自分ごとのキャッチコピーを付ける構成でページを制作。これらのページを見て受講を決めたという声も増えていて、集客率アップに貢献しています。

## 富士通ラーニングメディア

URL http://www.knowledgewing.com/

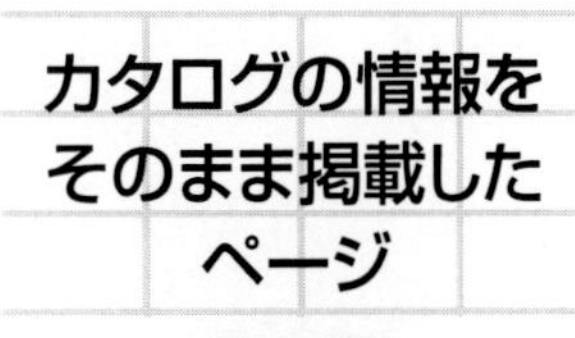

改善後

キャッチコピーを入れてお客様の心をつかむページに改善

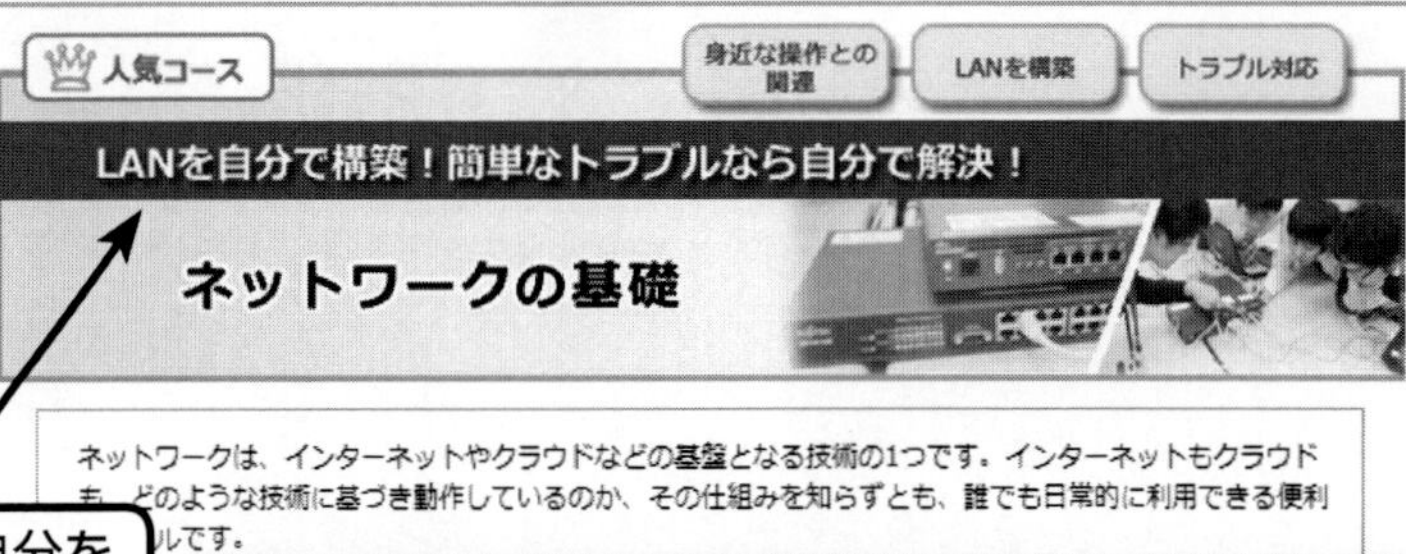


受講後の自分をイメージできるキャッチコピー

ネットワークは、インターネットやクラウドなどの基盤となる技術の1つです。インターネットもクラウドも、どのような技術に基づき動作しているのか、その仕組みを知らずとも、誰でも日常的に利用できる便利…ルです。

…最終的には…立つ技術を…

身近な事例…で常に上位…

「ネットワークの基礎」

選ばれる3つの理由

**理由1：身近な操作とネットワークの仕組みを関連付けて学べる**

ネットワークの基礎的な用語（IPアドレス、デフォルトゲートウェイ、ルータなど）や技術（Ethernet、IP、TCP、DNSなど）を、**日常的に使っている操作と関連付けて解説**します。

また、データがネットワーク上でどのようにやり取りされるのかを、**可視化して理解する**ことで、**「ネットワーク技術は分かりにくい」という印象を払拭**します。

**理由2：基本的なLANを構築できる**

「～ができるようになる」というキャッチコピー

テキストの章ごとに**まとめの演習**を実施するので、講義の内容をその場ですぐに確認できます。

2日間の最後のまとめの実習では、**ルータ、スイッチングHUB、1人1台の端末を使って、実際にLANを構築**していただきます。

社内の異なる部署にあると見立てた各端末を、ケーブルでつなぎ、アドレスを設定し、通信確認をするという**一連の実習を通して、小規模LANを構築できる**ようになることを目指しています。

**理由3：簡単なトラブルなら自分で解決できる**

受講後の自分をイメージできるキャッチコピー

トラブルが起きると、今まではすぐに情報システム部員に連絡を取り、直してもらっていた方でも、本コース受講後は、トラブルの内容にあわせて何をチェックすればよいかが分かり、簡単なトラブルなら**自分で解決**できるようになります。

# センスがない人のためのキャッチコピー作成法

## 簡単！　キラキラワードから作るキャッチコピー

キャッチコピーを作るのは得意ですか？　「はい、得意です」と答えられる人は少ないと思います。でも「キャッチコピーなんて作れない」と思わないでください。作り方のコツを覚えれば、誰でも短時間でたくさんのキャッチコピーを作ることができます。

私は、見出しをキャッコピーに変える練習を、よくセミナーの中で演習として取り入れます。チーム対抗のキャッチコピーコンテストという形でやると、盛り上がります。デジタルハリウッドで行っている「ウェブライティング」のセミナーでは、6年くらい似たような演習を行っていますが、受講者の方から出てくるキャッチコピーは、実に個性的で、同じコピーを見たことがありません。

見出しとキャッチコピーを比較しながら、説明を続けます。見出しは要約して作りますが、キャッチコピーは内容を要約してしまってはダメです。次に何が書いてあるのかを知らせてしまったら、読者に「読まない」という選択肢を与えてしまいます。見出しが「そのパラグラフを読むか読まないかを判断する決め手」になるとしたら、キャッチコピーは「そのパラグラフを読みたくてたまらなくさせる」「読ませる」のが役割です。興味がない相手をも引き付け、読みたくさせるためには、どんなキャッチコピーを付ければいいのでしょう?

たとえば、下記のじゃんけんの説明文をご覧ください。

「じゃんけんの歴史」という見出し(要約)を見て、どう感じますか? 「わあ、おもしろそう。続きが読みたくてたまらない」と思う人は少ないでしょう。「じゃん

例文

**◆じゃんけんの歴史**

じゃんけんは、江戸時代の中ごろに、中国から長崎に伝わりました。最初は、お酒の席での大人の遊びとして広まったじゃんけん。長崎拳と呼ばれたころは、今のように「石、はさみ、紙」で勝負するのではなく、指を一本(イー)、二本(リャン)、三本(サン)と言いながら出したそうです。これが江戸に伝わり、現在のようなじゃんけんになったという説が有力です。

けんの歴史」をキャッチコピーに変えていきましょう。本文を読んでみると、インパクトの強い言葉、キャッチーなフレーズが転がっています。私はこれを「キラキラワード」と呼んでいます。読んでいくと、キラッと光って目に飛び込んでくる言葉はありませんか？　人によって、気になる言葉は異なります。気にしないでどんどん選んでみてください。たとえばこんな言葉。

キラキラワードの例

- 江戸時代
- 中国から長崎
- 酒の席
- 大人の遊び
- 長崎拳
- イー、リャン、サン
- 説

これらの言葉を使って、キャッチコピーが作れないかと考えてみてください。

- 我々がよくやっている江戸時代の遊びってなーんだ?
- 中国から長崎に伝わった大人の遊び
- 酒の席で生まれたじゃんけん
- 「イー、リャン、サン」と元気な掛け声
- こんな説も浮上! じゃんけん誕生秘話
- 中国から伝わった大人の遊び? じゃんけんのルーツを探れ!

本文中のキラキラワードを摘み取り、キャッチコピーにアレンジしてあげてください。あっという間に、インパクトの強いコピーが作れます。お客様はキャッチコピーを見て「何が書いてあるんだろう」と気になり、ページをスクロールしていきます。次のキャッチ、次のキャッチへとスクロールしながら本文を読み進め、気が付くと「購入ボタン」に到着です。ワクワクした気持ちのまま、購入ボタンを押してほしいものです。

## キャッチコピー作成のための5つのコツ

キャッチコピーを作るとき、パラグラフの中から見つけたキラキラワードを盛り込みますが、盛り込み方にもコツがあります。

### キャッチ作成のコツ①　キラキラワードを並べる

最も簡単なのは、本文中で見つけたキラキラワードを並べる方法です。１語だけでもインパクトがある言葉もありますが、２語、３語と組み合わせることによって、インパクトを強くすることができます。インパクトの強いキャッチコピーは、引き付ける効果抜群です。たとえば、１７３ページのキラキラワードを例にすると、次のようになります。

- 江戸時代、酒の席で生まれた大人の遊び
- 中国から長崎へ伝わった説が有力　じゃんけんのルーツ
- じゃんけんは、お酒の席での大人の遊び

### キャッチ作成のコツ② 問いかける

私たちの脳は、質問されると答えたくなるように作られています。この反射神経を利用して、キャッチコピーを作ってみましょう。単純ですが、「じゃんけんの歴史」を「じゃんけんの歴史とは」と問いかけるコピーに変えるだけで、不思議と「続きを読みたくなる」効果が高まります。質問形式、クイズ形式のキャッチコピーは、簡単に作れそうです。

### キャッチ作成のコツ③ 数字を入れる

次の2つを比較してください。

- この製品には、いろいろな機能があります
- この製品には、3つの機能があります

どちらの説明を聞きたいですか？　私たちの脳は、3つと言われると勝手に頭の中に3つの空箱を用意してしまいます。「3つって何？」「1つ目は何？」と、脳が待

ちの状態になるのです。お客様は、続きを読んで空箱に中身を収納せずにはいられません。数値を入れるという作成法も、なかなか効果的です。

### キャッチ作成のコツ④　会話を入れる

次の2つを比較してください。

- 元気な声が聞こえた
- 「わー久しぶり」と元気な声が聞こえた

文中に会話文が入ると、臨場感が高まります。その場にいるような雰囲気を醸し出し、お客様を巻き込んでいくことができます。このイキのいい言葉「会話文」を見出しに使うと、お客様は「なんだろう?」「どういう状況でこの発言が起こっているかな?」と引き付けられるのです。

### キャッチ作成のコツ⑤　チラ見せをする

次の2つを比較してください。

- じゃんけん発祥の地は中国
- じゃんけん発祥の地は○○

○○の部分の文字が隠れています。私たちは、すべてが見えてしまう状況よりも、「ちらっと見えて肝心なところが見えない状況」のときに興味が強くなります。「人は未完成なもの、不完全なものに対して、興味が強くなる心理」は、心理学でツァイガルニック効果と呼ばれています。広告でも、ティザー広告と言って、情報の一部だけを断片的に見せる手法があります。

## キャッチコピー作成のコツを無限に増やす方法

181ページの図をご覧ください。同じ商品に対して、たくさんのキャッチコピーを作ってみました。あなたは、どのキャッチコピーが好きですか？　また、あなたはなぜ、そのコピーを選びましたか？　キャッチコピーのセミナーを行うときに、会場で「なぜ？」と聞くと、いろんな答えが返ってきます。この「なぜ選んだか」が、次にキャッチコピーを作るとき、新しい「キャッチコピー作成のコツ」になります。たとえば、「デザート・オブ・ザ・イヤー2013　チョコレート部門第6位」などと受賞歴があるから選んだとしましょう。キャッチコピー作成のコツとして「受賞歴を入れてみる」が加わります。受賞歴などは、6位であっ

**要約的な見出しをキャッチコピーに変更した例5**

| 要約的な「見出し」 | → | キャッチコピーに変更 |
| --- | --- | --- |
| ■ じゃんけんの歴史<br>○○○○○○○○○○○○○○<br>○○○○○○○○○○○○○○<br>○○○○○○○○○○○○○○<br>○○○○ | | ■ 中国から伝わった大人の遊び？<br>じゃんけんのルーツを探れ！<br>○○○○○○○○○○○○○○<br>○○○○○○○○○○○○○○<br>○○○○○○○○○○○○ |
| ■ じゃんけんのルール<br>○○○○○○○○○○○○○○<br>○○○○○○○○○○○○○○<br>○○○○○○○○○○○ | | ■ 一瞬で勝つ！ 3つの手のルール？<br>○○○○○○○○○○○○○○<br>○○○○○○○○○○○○○○<br>○○○○○○○○○○○ |
| ■ じゃんけんのかけ声<br>○○○○○○○○○○○○○○<br>○○○○○○○○○○○○○○<br>○○○○○○○○○○○○○○<br>○○○○○○○○ | | ■ 「どっこいし」はどこの県？<br>全国、お国自慢の掛け声大集合<br>○○○○○○○○○○○○○○<br>○○○○○○○○○○○○○○<br>○○○○○○○ |
| ■ 世界のじゃんけん<br>○○○○○○○○○○○○○○<br>○○○○○○○○○○○○○○<br>○○○○○○○○○○○○ | | ■ 爆弾を出す国も発見！世界視点<br>○○○○○○○○○○○○○○<br>○○○○○○○○○○○○○○<br>○○○○○○○○○○○○ |

ても輝かしいと感じる人は多いです。積極的に活用しましょう。

空気清浄機の方でも、同じように「なぜ?」と自問自答してみましょう。たとえば「おじいちゃん、おばあちゃんへのプレゼントに!」と「用途が書いてある」という理由で選んだ人もいるでしょう。「おじいちゃん、おばあちゃんへのプレゼント」という思わぬ提案をされて、「プレゼントしてみようかな」という気付きを与えるコピーです。「キャッチコピー作成のコツ」として「用途を提案してみる」を加えましょう。こんなふうに、日ごろ街で見かけたキャッチコピーで、「いいな」と思ったときは「なぜ、いいと思ったんだろう」と考えてみてください。「キャッチコピー作成のコツ」は、無限に増えていくのです。

## 時間がない人のためのキャッチコピー置き換え法

テレビ、雑誌、電車の中吊り広告などを見ていると、ハッとするキャッチコピーに目がとまることがあります。そのまま使用したら著作権違反になる危険性がありますが、真似したり、一部を置き換えたりすることは可能です。

## キャッチコピー作成のコツ

あなたは、どのキャッチコピーに心を引かれますか?

**キャッチコピー**

**チョコレートケーキの場合**

**キャッチコピー案**

- 本格スイーツをご家庭で!
- リピート率80%! 当店人気ナンバーワン
- 深夜放送のテレビ番組で取り上げられました
- 本格的ベルギー産の濃厚チョコレートをたっぷりサンド
- デザート・オブ・ザ・イヤー 2013 チョコレート部門 第6位
- えっ! 苦味が残る? 癖になる味をあなたに

**キャッチコピー**

**空気清浄機の場合**

**キャッチコピー案**

- しっかり除湿!きっちり除菌! 消臭、空気清浄も可能です!
- トリプル脱臭構造&ナノアクト脱臭フィルター採用
- ボタンひとつで簡単操作! おじいちゃん、おばあちゃんへのプレゼントに!
- ファンなしだから音が出ない 赤ちゃんがすやすや眠れて 安心・清潔

**どの案を選んで「なぜ選んだか」**

たとえば、ダイソンの掃除機の「ダイソンにしか見えないゴミがあります」というキャッチコピーを参考にしてみましょう。チョコレートケーキの場合では「当店にしか出せないチョコレートの味があります」と置き換えるのはどうでしょう。空気清浄機では「赤ちゃんにしか感じない空気汚れに気付いていますか？」とちょっとひねってみてもいいでしょう。ただし、あまりにも有名なキャッチコピーを参考にすると、お客様に「ん？　どこかで見たような気がする」と感じ取られてしまうので注意が必要です。

## 興味がない人を一瞬で振り向かせる、キャッチコピーの作り方

キャッチコピーの事例です。人は商品そのものには興味がありません。商品を手にした後の気持ち（楽しい、うれしい）にフォーカスしてキャッチコピーを作りましょう。

高知県で竹製品を扱う「竹虎」は、明治27年創業。もともとは卸販売のみを行っていました。中国産の竹製品が国内に入ってくるようになり、廃業の危機へ。ピンチを救ったのがインターネットでした。1997年にネットショップをオープン。最初の3年間での売り上げは300円。「それでもネットに期待したのは、日本で唯一、土佐の虎竹の里だけで育つ虎斑竹（とらふだけ）に対して、絶対の自信があったからです」と代表取締役の山岸義浩氏（竹虎四代目）は思い返します。

竹虎の商品ページは、写真とキャッチコピーが秀逸です。冒頭のキャッチコピーの作り方を山岸氏はこう説明します。「竹製品を欲しいと思う人は、正直言ってひと握り。多くの人は、竹製品そのものに興味がありません。なぜなら竹製品は、ただのモノだから」。興味のないモノに興味をもってもらい、購入してもらうために、竹虎式商品ページの作り方はこうです。「人間は、商品そのものよりも、その商品を手にしたらどうなるの、という購入後の自分に興味があります。それを使うと楽しいのか、気持ちいいのか、うれしいのか。どんなふうにうれしいのかを想像して、言葉にする。たったそれだけのシンプルなことなんです」。

竹虎の商品ページの冒頭には、商品名よりも大きく、お客様のハッピーが描かれています。たとえば、スズ竹弁当箱。ファーストビューで見せるのは、商品名の「スズ竹弁当箱」という言葉ではなく「わくわくお昼休み」というキャッチコピーと、お弁当箱を手にする女性の写真。「お客様は、スズ竹弁当箱には興味がない。だってただのモノだから。それよりも、このお弁当箱を使って過ごす楽しいお昼休みに興味があるんですよね。そこを言葉で伝えてあげるのが、僕の仕事です」。竹製の買い物かごのページには「お買い物に、私の定番」というコピー。毎日同じ、お気に入りの竹製バッグを持って、大根やお肉を買いに行く素敵な女性を「商品を手にした後のハッピーな姿」として表現しています。竹酢液と書かず「ぽかぽかお風呂、お肌つるつる」と買った後の姿を見せているのです。

山岸氏は、竹虎サイトの写真をすべて自ら撮影し、原稿もすべて執筆しています。「竹のことをいちばん理解していて、愛情を持っているのは自分。ページのデザインや構成はスタッフに任せますが、どういう言葉で伝えるかは自分が魂を込めて書かせてもらっています。言葉が大事だという信念をもっています」と結びました。

## 竹虎

URL http://www.taketora.co.jp/

商品を購入した後の楽しさ、うれしさをキャッチコピーにしている。お弁当箱を手にした後の楽しいランチタイムに焦点を当てたキャッチコピー

買い物かごを手にした後は、毎日のお買い物が楽しくなりそう! お客様のワクワク感を刺激したキャッチコピー

人は、商品そのものに興味があるわけではなく、購入後の自分、家族の幸せに興味がある

# 第5章

# 基本と応用で文章力養成!「書けるテクニック・14連打」

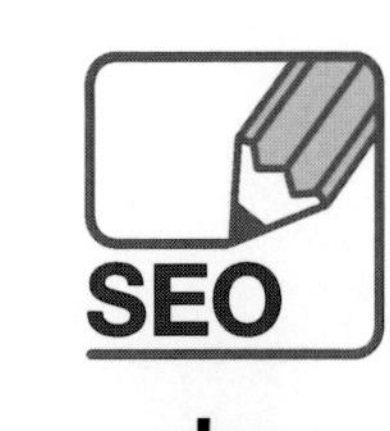

# わかりやすい文

## 鉄則！ 一文一義で書く

「一文一義」とは、「1つの文では、たった1つのことだけを書きましょう」というルールです。1つの文に、あれもこれもと詰め込まないことがポイントです。私は、文章を書く仕事に20年以上携わっていますが、文章を書く上で何よりも「一文一義」を意識しています。次ページの例文をご覧ください。改善前の文は、1文で複数のことを伝えようとしています。改善後は、「一文一義」です。「伝えることを1つに絞る」ことによって、わかりやすい文になっています。

改善後の文を読んで「区切りすぎ」と思った方は、いくつかの文をまとめても問題ありません。短い文は、簡潔でわかりやすい反面、冷たく断定的な印象も与えます。ターゲットや目的に応じて、長めの文が好まれることもあるでしょう。ここで言いたいのは、「一文一義」というルールを知ってほしいということです。「一文一義」を意識すると、伝えるメッセージが明確になります。まず一文一義で書いてから、編集することをおすすめします。

例1

| 改善前 | たくさんのご意見、ご要望をいただいておりますが、順次お返事しておりますので、しばらくお待ちください。 |
|---|---|

| 改善後 | たくさんのご意見、ご要望をいただいております。順次お返事しております。しばらくお待ちください。 |
|---|---|

例2

| 改善前 | 当店の人気商品は「白熊ケーキ」で、来店者のうち半数以上がこの白熊ケーキを購入していかれ、今では県外からわざわざ電車で来てくださるお客様も急増していて、スタッフ一同うれしい悲鳴をあげております。 |
|---|---|

| 改善後 | 当店の人気商品は「白熊ケーキ」です。来店者のうち半数以上がこの白熊ケーキを購入していかれます。今では県外からわざわざ電車で来てくださるお客様も急増。スタッフ一同うれしい悲鳴をあげております。 |
|---|---|

## 箇条書きを使う

文章を書いていて、箇条書きを使えるところがあったら、積極的に箇条書きを利用してください。箇条書きを使うと、文章で伝える書き方よりも、視覚的に伝える効果も高まります。わかりやすいだけでなく、記憶に残りやすいというメリットもあります。

箇条書きを使うときに「行頭の記号は何を使えばいいのか」と迷う方がいます。同じサイトの中で、箇条書きの記号が「・」「■」「●」などとバラバラでは、統一感がありません。執筆の前に、ルールを決めておくとよいでしょう。

ルールの決め方としては、順番性のない箇条書きの場合は、「・」「■」「●」などの記号を使います。操作手順などを説明するときは、数字を使って順番をわかりやすく表現します。このとき、1つの操作が1項目になる

例3

| 順番性のない箇条書きの例 |
| --- |
| イベント会場には、次の3点をお持ちください。<br>・イベント参加申込書<br>・参加費用(5,000円)<br>・身分証明書 |

| 順番性のある箇条書きの例 |
| --- |
| 投稿するには、次の手順で操作します。<br>1)タイトルを入力する<br>2)カテゴリを選択する<br>3)本文を入力する<br>4)投稿ボタンをクリックする |

ようにしてください。一文一義で書くということです。

項目が多くなってしまった場合は、例4のように2階層に分ける工夫が必要です。項目の数が7つを超えると、理解しにくくなると言われています。これは認知心理学の「マジカルナンバー7プラスマイナス2」から来ています。アメリカの心理学者G・A・ミラー

**改善前**

当店の生鮮コーナーには、カボチャ、トマト、大根、キャベツ、なす、リンゴ、ブドウ、バナナが並んでいます。

▼

**改善後**

当店の生鮮コーナーには、次のような野菜や果物が並んでいます。

・カボチャ
・トマト
・大根
・キャベツ
・なす
・リンゴ
・ブドウ
・バナナ

▶

**さらに改善**

当店の生鮮コーナーには、次のような野菜や果物が並んでいます。

■野菜
・カボチャ
・トマト
・大根
・キャベツ
・なす
■果物
・リンゴ
・ブドウ
・バナナ

氏は1956年に「人間が一度に記憶できる限界数は7プラスマイナス2である」と論文で発表しました。「7プラスマイナス2」を目安にして、「シニア向けのサイトの場合は項目数を減らそうか」「学生向けだから、多少増えても大丈夫かもしれない」などと議論の参考にしてください。

# 説得力のある文

## 数値を入れる

「たくさん」「いくつか」「なるべく早く」など、文中にあいまいな表現を入れてしまうことはありませんか? 漠然とした表現は書きやすいですが、インパクトがありません。「すぐに発送します」と言われたとき、あなたはどのくらいの時間を想定しますか? 当日発送と考える人もいますし、24時間以内、3日以内など、人によって「すぐに」の受け取り方は違うのです。誤解を生じないようにするためには、数値を入れるのがいちばん効果的です。数値を入れることによって、具体的で説得力のある表現になります。

例5

| 改善前 | 当店では、ご注文いただきましたら、すぐに発送いたします。 |
|---|---|

| 改善後 | 当店では、ご注文いただきましたら、24時間以内に発送いたします。 |
|---|---|

「大変な人気」という表現はどうでしょうか。やはり、人によって受け取り方がさまざまです。客観的な数値を入れることによって、正確な情報を提供しましょう。「こんな数値では小さすぎないかな」などと数値の大きさを気にする必要はありません。たとえば、例６の文で「満足度が50％」だったとしても、「多くのお客様に」と書くよりも、真実味があります。数値を入れることによって、信頼度が高まる効果もあるのです。

数値を入れても、ピンとこない数値では意味がありません。たとえば「10万平方メートル」と数値をみて「あーあのくらいの広さだね」とピンとくる人は少ないでしょう。そのときは、読者がイメージしやすいたとえを入れて「ちょうど○○と同じくらいの大きさ」と表現し直してあげると親切です。

例6

| 改善前 | 当社のパソコン用エディタソフトは、多くのお客さまに満足いただいています。 |
|---|---|

| 改善後 | 当社のパソコン用エディタソフトは、アンケートの結果83%のお客様が「満足」と答えてくださっています。 |
|---|---|

より客観的なデータを入れたいときは、インターネットや書籍などで調べましょう。たとえば「スマホの保有率がすごく伸びています」と書くよりも、「総務省が２０１３年６月14日に発表した通信利用動向調査によると、スマホの保有率は昨年の29％から50％弱まで急増しています」と書いたほうが説得力が高いです。引用するときは、出典元を明記するようにしましょう。

## ⑪具体的な名称を入れる

説得力のある文を書くためには、具体的に書くことが大事です。あいまいな表現、漠然とした言葉を使ってしまうと、読む人によっていろいろな解釈をしてしまいます。誰が読んでも「たった一通りにしか解釈できない文」を心がけて書きます。

具体的に書くためには、固有名詞を使うとよいでしょ

例7

| 改善前 | 新しく建設中の植物園の広さは、だいたい10万平方メートルです。 |
|---|---|

| 改善後 | 新しく建設中の植物園の広さは、約10万平方メートルです。およそ東京ドーム2個分にあたります。 |
|---|---|

う。日常の会話でも「ある経営者の話だけど……」と言われるよりも、「○○社の社長の○○さんの話だけど……」と固有名詞を入れたほうが具体的です。相手が○○社の社長のことを知っているか知らないかではなく、名前を出すことが大事です。具体性が生まれ、真実味のある話として伝わってくるのです。

説得力を高めるために、格言やことわざを入れる方

例8

| 改善前 | 当店では、2015年に新店舗をオープンします。 |
|---|---|

| 改善後 | 当店では、2015年に札幌、仙台、名古屋、大阪、福岡に新店舗をオープンします。 |
|---|---|

例9

| 改善前 | このドレッシングには、いろいろな野菜が入っています。 |
|---|---|

| 改善後 | このドレッシングには、玉ねぎ、にんじん、ブロッコリーが入っています。 |
|---|---|

法もあります。心理学で「ハロー効果」という言葉があります。後光（ハロー）が差しているかのように、本来よりも評価が高くなる現象です。家庭教師をお願いする際、普通の大学生よりも、東大生を選びたくなるといった心理です。格言やことわざを利用するのは、ハロー効果を活用して説得力を高める方法になります。

例10

| 改善前 | 新商品開発の前に、ユーザーインタビューをしましょう。 |
|---|---|

| 改善後 | 新商品開発の前に、ユーザーインタビューをしましょう。本田技研創業者の本田宗一郎氏も「新しい発想を得ようと思うなら、まず誰かに話を聞け」と言っています。 |
|---|---|

例11

| 改善前 | 結婚式では「結婚はゴールではない。スタートです」とよく言います。 |
|---|---|

| 改善後 | タレントの明石家さんまさんがこう言っています。「結婚はゴールではない！ スタート！ しかも途中から障害物競争に変わる」 |
|---|---|

# 感情を揺さぶる文

## 五感を刺激する

商品ページのようにお客様に購入を促すページでは、お客様の心を揺さぶり、行動につなげる文章が求められています。単なる説明文では、お客様の心を震わせることはできません。感情を揺さぶる文を書くためには、「五感を刺激する」ということを意識してみてください。

五感とは「視覚、聴覚、触覚、味覚、嗅覚」のことです。1つの商品を目の前にして、「視覚的にどうか」「聴覚で表現するとどうなるか」「触覚という視点で書くとどうなるか」と自分に問いかけ、表現を増やしていくのです。

たとえば、「いろんな色の花を取りそろえています」と書くよりも「赤、黄色、オレンジ、白、紫など、いろんな色の花を取りそろえています」と書くと、視覚的な表現になります。「赤、黄色、オレンジ……」が具体的な色として脳裏に浮かび上がってきます。

うまく読者の五感を刺激できると、読者は商品のことを鮮明にイメージすることができます。ふと香りを感じたり、思わず唾液が出たり、心を揺さぶられたりするのです。ワンパターンになりがちなときに効果的な書き方です。

例12は、プリンの説明文です。五感で表現すると次のような表現になります。

例12

**（視覚）**
卵色のプリンの上には、茶褐色のとろりとしたカラメルソースがかかっています。

**（聴覚）**
焼きあがったプリンをトレーのまま、ぬれた布きんの上に置くとジュッと一瞬、低い音がします。

**（触覚）**
スプーンを入れたときのプルンとゆれる弾力がたまりません。赤ちゃんのほっぺのようなやわらかさ。舌にのせるとフルフル震えて、あっという間に溶けていきます。

**（味覚）**
卵の味が強めの濃厚な甘さが口に広がったかと思うと、すぐにカラメルソースのほろ苦さがやってきます。

**（嗅覚）**
オーブンをあけると、バニラビーンズの甘い香りと、ちょっと焦げたキャラメルソースの香ばしい香りが漂ってきます。

## 主観で書かない

映画を観た友人が「すごくよかったよ。感動した」と興奮しているのを見て、心が白けていった経験はありませんか？　感動が伝わらない理由は、「よかった」も「感動した」も主観的な表現だからです。主観とは、自分ひとりだけの考えです。楽しかった、うれしかった、おいしい、冷たい……どれも主観です。感情を相手に伝えたいときは、主観的な表現をやめて、シーンを忠実に描くことを心がけましょう。

たとえば映画を観たときの自分のことを、第三者目線でシーンとして描いてみます。「手にハンカチを握り、何度も何度も目にハンカチをあてました」のようにシーンとして表現すると、相手は自分の体験の中から同じようなエピソードを思い出し、感情移入しやすくなります。「手にハンカチを握り涙するほど、その映画はよかったんだな。感動したんだな」ということを実体験とともにイメージすることができるのです。「エンドロールが終わっても席を立てなかった」と書けば、より強く感動が伝わります。

例13

| 改善前 | 最終プレゼンで負けた。悔しかった。 |
|---|---|

| 改善後 | 最終プレゼンで負けた。部長は顔を上げられず、下を向いたままだった。チームスタッフの中には肩をふるわせている者もいた。 |
|---|---|

例14

| 改善前 | システムが完成した。最終テストを実施。緊張した。 |
|---|---|

| 改善後 | システムが完成した。最終テストを実施。上半身を前のめりにして、マウスを持つ手に力が入った。メガネをはずし、テスト画面を凝視していた。 |
|---|---|

# 臨場感のある文

## 発言を入れる

臨場感とは、その場に自分の身を置いているかのような感覚のことです。映画の場合は、迫力のある映像と音響によって臨場感を出しています。サイトに画像や動画を入れると、臨場感が高まります。文章で臨場感を出すコツの1つに「発言を入れる」方法があります。カギ括弧(「」)を使って声を入れると、文章が生き生きと立ち上がり、その場の雰囲気を伝えやすくなります。

会話が入っていない文は、静的で淡泊

例15

| 改善前 | 試食会に集まったお客様からたくさんの声が集まった。 |
|---|---|

| 改善後 | 試食会に集まったお客様から「おいしい!」「甘い」「おかわり〜」などたくさんの声が集まった。 |
|---|---|

| さらに改善 | 試食会に集まったお客様から「なにこれ?」「初めての味」「斬新で驚いた」などたくさんの声が集まった。 |
|---|---|

な表現です。カギ括弧を使って声を入れると、表現に動き、活気、臨場感が出ています。挿入する声として、どんな声を選ぶかは、書き手の腕の見せどころです。例15で、おいしさを伝えたければ【改善後】のようになりますし、新しさを伝えたければ【さらに改善】のような声を選ぶとよいでしょう。

ECサイトの商品ページでは、お客様の声、レビューなどが入っているケースが増えています。どんなにおいしい商品でも、作り手、売り手が言う「おいしいですよ」という表現には、真実味がありません。味の評価を、実際に食べた人に語らせると、信頼度や説得力が増します。何かを購入する

例16

| 改善前 | 当店のチーズケーキは、とってもおいしいです。 |
|---|---|

| 改善後 | 当店のチーズケーキは、濃厚な味わいが自慢です。お客様の声を掲載していますのでご覧ください。<br><br>～お客様の声～<br>・味が濃厚（宮城県　山下様）<br>・濃厚でおいしい！　やみつきになりそう（広島県　佐藤様）<br>・はじめての味わい！　最高！　感動（大阪府　藤崎様） |
|---|---|

ときに「お客様の声」を参考にするという人が増えているのは、第三者評価に対する信頼感の証です。

## 文末を変化させる

「〜です。〜です。〜です」と同じ文末が続くと、単調な文章になってしまいます。文末を変化させるだけで、リズムが付いたり、迫力が出たり、臨場感が出たりします。簡単なのは、体言止めです。体言止めとは、文末を体言(名詞)にする書き方で、主に詩や短歌で使われる技法です。例17のように、文章の一部を体言止めにすると、文章に変化が生まれます。体言止めは、文中のどこで使ってもいいですが、入れ過ぎには要注意です。体言止めを入れ過ぎると、投げやりな感じ、冷たい印象を与えることもあります。

例17

| 改善前 | この野菜ジュースは、当店の人気商品です。売上げも半年連続でナンバーワンです。2位は季節のフルーツジュースです。どちらも女性のファンが多いです。 |
| --- | --- |

| 改善後 | この野菜ジュースは、当店の人気商品です。売上げも半年連続でナンバーワン。2位は季節のフルーツジュース。どちらも女性のファンが多いです。 |
| --- | --- |

文末を変化させて臨場感を出す方法としては、「時制を変える」方法もあります。日本語では過去や完了を「〜た」という形式で表しますが、過ぎ去った過去の話には臨場感が出しにくいものです。そこで、過去形の文章の一部分だけを現在形に変えてみます。現在形で書いたところで緊迫感が加わり、イキイキした表現に変えることができます。例18で時制を変えた例をご覧ください。

例18では、さらに2つの工夫をして臨場感を出しています。1つは、文を短文に変えている点です。

例18

| 改善前 | 中小企業向けに、新しいサービスをリリースした。記者会見当日、スタッフはいつも通り机に座り、問い合わせが入ってくるかどうか気にしながら仕事をしていた。電話が鳴ったので、スタッフが受話器を取った。初めての問い合わせが入った。しばらくすると別の電話が鳴り、別のスタッフが受話器を取った。新しいサービスは順調な滑り出しとなった。 |
|---|---|

| 改善後 | 中小企業向けに、新しいサービスをリリースした。記者会見当日。スタッフはいつも通り机に座り、問い合わせが入ってくるかどうか気にしながら仕事をしていた。電話が鳴った。スタッフが受話器を取る。初めての問い合わせ。別の電話が鳴る。また別の電話。スタッフが次々に受話器を取る。新しいサービスは順調な滑り出しとなった。 |
|---|---|

長文の中に短文を織り交ぜることによって、臨場感がアップします。もう1つは、繰り返しです。

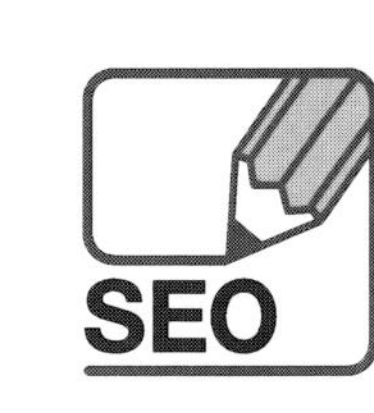


# 共感される文

## 自分のことを書く（自己開示）

共感とは、同じ感情になることです。つまり、書き手の感情を、読者が自分の感情のように受け取れる文こそ、共感される文といえます。共感される文は、メールマガジン、ブログ、フェイスブックなど、読者との双方向の交流を重視するメディアで活用すると効果的です。読者との距離感を縮めて、親密度を高める効果があります。

共感される文の例として、最初にご紹介したいのが「自己開示」です。自己開示とは、自分のことをオープンにすること。「中学のころ、陸上部だったんだ」と話

例19

| 改善前 | こんにちは。斎藤太郎です。新人スタッフですが、どうぞよろしくお願いします。 |
|---|---|

| 改善後 | こんにちは。23歳、斎藤太郎です。生まれは大阪。趣味は野球観戦。好きな食べ物は魚よりも肉。苦手なことは事務作業。彼女募集中の新人スタッフです。どうぞよろしくお願いします。 |
|---|---|

す友だちに「私も陸上部だった。短距離？長距離？」と盛り上がるようなシーンを想像してみてください。「私はテニス部だった。テニスボールが陸上部のほうに飛んで行って、よく走ってボール拾いに行った」などとつながれば、会話を広げるきっかけになります。

文章を書くときもこれと同じです。趣味の話や出身地のこと、自分の弱みや、経験したこと、好きなことや嫌いなこと、自分の価値観、「自分はこう思った」「こう考えた」という気持ちなどを、できるだけオープンに、自分の言葉で伝えてみてください。「同じ趣味や同じ出身地といった共通項が見つかると、読者はあなたに共感し、親近

例20

| 改善前 | ダイエットグッズ専門店「○○」の陽子です。今日は、ダイエットについてお話ししましょう。 |
|---|---|

| 改善後 | ダイエットグッズ専門店「○○」の陽子です。<br>実は私、スポーツクラブに通っています。以前はヨガにはまっていましたが、最近はエアロビクスに夢中です。目的はダイエットなのですが、なかなか痩せません。なぜかというと、スポーツクラブの帰りに、必ず喫茶店によって甘いものを食べてしまうからです。<br>さあ、今日は、ダイエットについて、お話ししましょう。 |
|---|---|

感を抱くようになっていきます。

## あるあるネタで意気投合

「あるあるネタ」とは、多くの人が経験しているような共通の出来事のことです。たとえば、「家を出た後に鍵をかけたか不安になり、確認に戻る」とか「運転中にパトカーを見ると、悪いことをしていないのに緊張する」など、「そういうこと、あるある」と思われるようなことが「あるあるネタ」です。

多くの人が経験していそうな「あるあるネタ」を投げかけると、読者は「私の経験と同じだ」「私も同じように思う」と共感し、親しみを覚え、さらに「私の経験も聞いてほしい！」という心理になるのです。

例21

| 改善前 | ヘルスケアグッズ専門店「○○」の祐子です。今日は、新発売の目薬をご紹介しましょう。 |
|---|---|

| 改善後 | ヘルスケアグッズ専門店「○○」の祐子です。<br>目薬をさすとき、目を大きく開こうとすればするほど、口が開いてしまうことはありませんか?<br>今日は、新発売の目薬をご紹介します。目を大きく開いて、最後までじっくりお読みください! |
|---|---|

この心理を上手に取り入れるとよいのが、メールマガジンなどの投稿募集です。書き手があるあるネタを自分の体験として話すことで、読者を「私の経験も聞いてほしい！」という心理に導きます。読者は自分の経験を聞いてほしくて、つい、投稿してしまうのです。フェイスブックでも、あるあるネタを書けば、「いいね！」やコメントがもらいやすくなるでしょう。

## ノスタルジーに訴える

「ノスタルジー」とは、異郷から故郷を懐かしいと感じたり、過ぎ去った昔の出来事を懐かしく思い出したりすることです。たとえば、音楽。学生時代に聞いた歌謡曲が、突然どこからか聞こえてきたとしましょう。思わず聞き入ってしま

例22

| 改善前 | 昨日、5歳くらいの子どもが、とても楽しそうに私の前を歩いていました。 |
|---|---|

| 改善後 | 昨日のことです。5歳くらいの子どもが、私の前を歩いていました。<br>よく見ると、横断歩道では白い線の部分だけを踏むようにしているようです。<br>その様子は、とても楽しそうでした。 |
|---|---|

いませんか？　そして、その曲を聴いていたころの出来事や、そのころに一緒に過ごしていた仲間のことなど、次々と当時のことを思い出すでしょう。大抵の人には、このような音楽が1つや2つあるはずです。

ノスタルジーに訴えかける文には、読み手を一瞬にして、昔にタイムスリップさせる効果があります。ノスタルジーに訴えかける話題としては、「故郷での思い出」や「方言」、「昔流行った歌謡曲」や「昔大人気だった有名人」「小学生のときに食べた給食の話」などが挙げられます。読者の年齢層にもよりますが、昭和のニオイがする話題は、読む人をノス

例23

| 改善前 | 昔懐かしい味のカレーパン。本日、新発売です。 |
|---|---|

| 改善後 | 昔懐かしい味のカレーパンです。このカレーパンを作ろうと思ったきっかけを聞いてください。先月、息子の小学校の授業参観に行きました。廊下を歩いていると、給食室の前からとてもよい香りがしてきたんです。私は小4の頃の自分を思い出しました。「銀色のトレーの上に乗った小さな揚げパン。そういえば、給食の揚げパンが大好きだったな～」と。その日から、「昔懐かしい味のカレーパン」を作ろうと思って約1か月。ようやく本日、新発売です。 |
|---|---|

タルジーな気分にさせることが多いようです。ノスタルジーに訴える文章を使い、読者に共感してもらい、コミュニケーションを深めていきましょう。

**例24 ノスタルジーを感じる文の例**

**◆ハイジの木のスプーン?**
今週は、普段からこだわっているものごとについて、お届けします。

比較的コダワリが少ないタイプだと自覚していますが、最近1つだけ欲しくて買ったのが、木のスプーン。カトラリーは持っているものの、冷たい、歯にカツンと当たる感触があまり好きではなく、思い切って10本セットを買いました。今では、カレーも、スープも、朝食のシリアルも、これで食べています。

スプーンを手に持ったり、口の中に入れたときの、木のぬくもりが好きです。なぜ、こんなことにこだわるのかと考えるに、どうも子どもの頃に見た「アルプスの少女ハイジ」の影響のような気がしてきました。私のように、ハイジのおじいさんが作る木のスープボウルやスプーンを使って食べてみたいと思った方、多いのではないでしょうか?　さらに記憶の糸をたぐると、暑い夏休みにペラペラの木のスプーンで食べた、50円のバニラアイスクリームも美味しかったことを思い出しました。

要するに、木のスプーンは、私を楽しかった子ども時代へと連れ戻してくれる、小道具なのかもしれません(笑)。

# 行動させる文

## イエス・ノー！ 行動を単純化する

インターネットを通じて、相手に行動してもらうためには、行動しやすい状況を作ってあげることが大事です。決め手は単純化です。イエス、ノーで答えられるような単純な問いを投げることによって、相手に簡単に行動してもらうことを狙います。

たとえば香水店のアンケートの場合を考えてみましょう。「どんな香りが好きですか？」という聞き方は、相手に答えを考えさせることになります。特に、香水に興味のない人は、自分の答えが的外れではないかと躊躇して、即答しにくいと思います。そこで「お花の

例25

| 改善前 | どんな香りが好きですか? |
|---|---|

▼

| 改善後 | お花の香りは好きですか?<br>柑橘系は好きですか?<br>ミント系の香りは好きですか? |
|---|---|

香りは好きですか?」』「柑橘系の香りは好きですか?」というイエス、ノーで答えられる問いかけに変更します。「どんな香りが好きですか?」よりも答えやすく感じるでしょう。

次のステップは、二者択一です。「どれにしますか?」と聞かれるよりも「AとBどちらになさいますか?」と聞かれたほうが、選びやすいです。『ホイラーの法則―ステーキを売るなシズルを売れ!』(エルマー・ホイラー著、ビジネス社)には「もしもと聞くな、どちらと聞け!」という項目があります。この本では「買うか買わないかを選ばせるのではなく、買う前提でAにするかBにするかを選ばせよう」と書かれています。二者択一にすることによって、お客様は次のステップ

例26

| 改善前 | 携帯電話の機種変更について、お手続きをお願いします。 |
|---|---|

| 改善後 | 携帯電話の機種変更について、この後のお手続きは、電話になさいますか? それともメールになさいますか?<br><br>お電話の方：0123-456-7890<br>メールの方：xxx@xxx.co.jp |
|---|---|

を選びやすくなります。単純な行動を繰り返していただくことよって、お客様を誘導していくテクニックです。

二者択一の次は、三者択一(三択)です。松竹梅の考え方です。お寿司屋さんに行くと、松竹梅の3つのコースが用意されていることが多いでしょう。これは、行動経済学で「極端性回避」と呼ばれる、真ん中のものを選ぶという性質を利用したもの。一番価格の安い「梅」を選んで「ケチ」に思われるのも嫌。「松」を選ぶのは贅沢な気がする。だから無難に真ん中の「竹」を選ぶ、という日本人らしい傾向を利用します。売りたい商品を単品で売るのではなく、松竹梅の3種類を作り、お客様に選んでいただくようにしてみましょう。

例27

| 改善前 | マッサージは2000円〜、各コース揃っています。 |
|---|---|

| 改善後 | マッサージは、以下のコースからお選びください。<br>Aコース:2,000円<br>Bコース:3,000円<br>Cコース:4,000円 |
|---|---|

## ランキングを利用する（バンドワゴン効果）

人間の心理を理解すると、行動させる文を書くヒントを得ることができます。興味のある方は、認知心理学、行動心理学などを勉強してみてください。たとえば、行列ができているのを見て、買うつもりのなかったものをついつい買ってしまった、などという経験はありませんか？

このように「多くの人に支持されているものなら安心」「人気のあるものを欲しくなる」という心理をバンドワゴン効果といいます。

この心理を活用して、行動させる文を書いてみましょう。人気があることを伝え、行列感を演出できるとベストです。お店の人気ナンバーワン商品、今週の売り上げ1位などと書くのも効果的です。ランキングを掲載することも、バンドワゴン効果を生み出します。人気が高い、多くの人が使っているという情報は、行動するための安心材

例28

| 改善前 | 当店で人気のお酒です。 |
|---|---|

| 改善後 | 当店で、先週の売り上げNO.1のお酒です。 |
|---|---|

料になります。商材によっては、男女別、年齢別、お悩み別など、ランキングの掲載方法も工夫しましょう。

あるネットショップのメールマガジンでの事例です。売上ランキングを掲載すると、ランキングの上位から売れるという現象が起こりました。ここまではよくあることです。あるとき、メルマガスタッフのおすすめランキングを掲載したときのこと。単なる売上ランキングを載せたときよりも、売り上げが上がったのです。このメルマガスタッフは、メールマガジンで週に1度お客様とコミュニケーションをとっていたため、「このスタッフのオススメなら安心」という気持ちになったのでしょう。

例29

| 改善前 | 当店の人気商品には、○○化粧水、○○美容液、○○乳液、○○保湿化粧水、○○美白美容液などがあります。 |
|---|---|

| 改善後 | 当店の人気ランキングはこちらです。<br>1位:○○化粧水<br>2位:○○美容液<br>3位:○○乳液<br>4位:○○保湿化粧水<br>5位:○○美白美容液 |
|---|---|

## 男性脳、女性脳に訴える

男性の身体と女性の身体とで構造が違うように、脳も男性と女性で違いがあります。たとえば、右脳と左脳をつなぐ脳りょうと呼ばれる部分は、男性よりも女性のほうが大きいことがわかっています。ものごとを考えるときに女性は右脳と左脳の両方を使って考えるのに対して、男性は、右脳だけ、または左脳だけで考える傾向にあります。男性と女性の口論の際、男性は、言語中枢をつかさどる左脳を使って論理的に話します。女性は左脳だけでなく、イメージや感情をつかさどる右脳も一緒に口論に参加するので、関係ない話にまで言及してしまいます。

男性脳、女性脳の違いを意識して、男性向けの文と女性向けの文を書き分けることが大事です。たとえば、物を売るときは「男性にはスペックで訴え、女性には感情で訴える」と書き分けてみましょう。デジタルカメラを売るためのセールストークを例にとって説明します。男性は「画素数がどのくらいあるか」「どのようなレンズがついているか」といったスペックに興味を持つ傾向にあります。一方で女性は、そのデジタルカメラを手にしたときのシーン、その時の感情に興味をもちます。具体的には、「運動会の集団演技の中でも、わが子を大きく撮影できる」とか、「肌色がきれいに撮れる」といったことが、購入の決め手なります。同じ商品でも購入者(または、購入決定者)が、男性か女性かによって、伝えるメッセージの切り口を変えてみましょう。

**例30 デジタルカメラの場合**

| | |
|---|---|
| 男性向け | このデジタルカメラは、高速オートフォーカスやWi-Fi機能を搭載。35〜100mm望遠レンズや20mmの単焦点レンズ、45mmのマクロレンズが付属しています。 |

| | |
|---|---|
| 女性向け | このデジタルカメラで撮影すると、活発に動き回るお子さんでもシャッターチャンスを逃すことがありません。撮った写真は自動的にスマートフォンに送信できるので、お気に入りの写真が撮れたらすぐにフェイスブックに投稿して、仲間とシェアすることだってできますよ。 |

**例31 自動車の場合**

| | |
|---|---|
| 男性向け | この車の燃費は、1リットルあたり30キロメートルです。 |

| | |
|---|---|
| 女性向け | 車を毎日のお買い物の足に使っているアナタに朗報です。この車にガソリンを満タンに入れれば、お買い物に毎日車で行っても、約5カ月間はガソリンがなくなりません。 |

# テクニカルライティングとエモーショナルライティング

第5章は「書けるテクニック」と題して14のテクニックをご紹介しました。この章でお伝えしたいのは「14のテクニックを覚えてほしい」ということではなく、「誰でもテクニックを覚えれば、書くチカラを高めることができる」ということです。

私は「文章はセンスではない」と思っています。小説家を目指すのであれば別ですが、ビジネスに活用する文章には、センスや才能は必要ありません。実際、私も学生時代は国語や論文が苦手で、読書も嫌いでした。文章を書くことを仕事にするとは、夢にも思っていませんでした。

そんな私の人生を変えたのは「テクニカルライティング」という技術でした。ソフトウェアのマニュアルを作る現場では、難解な技術情報を、一般のユーザー向けにわかりやすく説明しなければなりません。「正しくわかりやすく書くテクニック」を数多く習得することができました。本書に出てきた一文一義、箇条書き、パラグラフなどは、テクニカルライティングの手法です。

今の会社（グリーゼ）でECの仕事をするようになり、商品ページ、メールマガジン、セールスレターなどを書くようになってから覚えたのが「エモーショナルライティング」です。無関心な相手の心を動かし、興味を持っていただくためには、何をどんな順番で伝えるべきか、が問われます。ここで、マーケティング要素の強い書き方を学びました。第5章の後半部分の書き方や、第3章で紹介したAIDCAS、PASONA、第4章のキャッチコピーなどが含まれます。

テクニカルライティングとエモーショナルライティングは、対極にある書き方だと思います。伝える相手（ターゲット）と目的に応じて、使い分けてください。本格的に学びたい方は、最初にテクニカルライティングを勉強し、文章術の基礎を固めましょう。テクニカルライティングは、論理的な構造でドキュメントを作っていくので、SEOに適したライティング法を言えます。基礎をある程度、身に付けた上で、エモーショナルライティングへと進み、応用力に磨きをかけることをおすすめします。

【取材協力】

◆株式会社ベネッセコーポレーション（http://www.benesse.co.jp/）
牧野晴子様

◆一般財団法人国際ビジネスコミュニケーション協会
（http://www.toeic.or.jp/）
中俣忍様 ／ 木村民人様 ／ 大谷朋美様 ／ 浜田百合様

◆株式会社ハンコヤドットコム（http://www.hankoya.com/）
藤田優様 ／ 糟谷八千子様

◆株式会社クオカプランニング（http://www.cuoca.com/）
斎藤賢治様

◆株式会社スキーマ
「らくらく貿易」（http://www.rakuraku-boeki.jp/）
「キュティア老犬クリニック」（http://www.cutia.jp/）
猪熊洋文様

◆株式会社ブルーミングスケープ（http://www.bloom-s.co.jp/）
大塚雄一様

◆有限会社スモーク・エース（http://www.smokeace.jp/）
穴井浩児様

◆三元ラセン管工業株式会社（http://www.mitsumoto-bellows.co.jp/）
高嶋博様

◆株式会社エフ琉球「シードコムス」
（http://www.rakuten.co.jp/seedcoms/）
長濱諒様 ／ 瀬尾貞世様

◆株式会社ドゥ・ハウス（http://www.dohouse.co.jp/）
舟久保竜様 ／ 平本希枝様

**◆有限会社ドルクスダンケ**（http://www.e-mushi.com/）
坪内俊治様

**◆黄瀬商事株式会社**（http://www.cuseberry.com/）
黄瀬正道様

**◆生活雑貨の店スワン**（http://www.sassy-swan.com/）
渡辺将勝様

**◆富士通ラーニングメディア**（http://www.knowledgewing.com/）
片桐様 ／ 佐々木明美様

**◆竹虎 株式会社山岸竹材店**（http://www.taketora.co.jp/）
山岸義浩様

**【執筆協力】**

- 株式会社グリーゼ
  松尾里枝
  粕谷知美
  長濱佳子
  小幡悦子
  坂田美知子
  玉木千草
  仲野寿代
  上池奈津
  アタードよしの
  石井久子

**【アドバイス】**
株式会社グリーゼ 代表取締役 えじまたみこ

## ■著者紹介

ふくだ　たみこ

株式会社グリーゼ 取締役。全日本SEO協会 認定SEOコンサルタント。群馬県出身、東京都在住。富士通系子会社にて、テクニカルライターとしてマニュアル開発に従事したのち、2004年株式会社グリーゼに入社。「マーケティング・ライター育成講座」などの講座開発および講師を行う。2007年からは、デジタルハリウッドにて「Webライティング講座（基礎編/実践編/特論）」の講師を務める。2009年、ラジオNIKKE「I 不安解消!社会人の燃えるメール塾」担当。日経流通産業新聞発行の「日流eコマース新聞」などへの寄稿も多数。グリーゼでは、全国180名のライターをネットワークし、SEOコンテンツ、メールマガジン、取材記事、フェイスブック投稿文などの企画・制作サービスを展開中。

- **株式会社グリーゼ :http://gliese.co.jp/**
- **コトバの、チカラ :http://kotoba-no-chikara.com/**
- **SEOに効く!コンテンツ制作 :http://seo-contents.jp/**

## ■監修者紹介

鈴木（すずき）　将司（まさし）

社団法人 全日本SEO協会 代表理事。東京生まれ。オハイオ州立アクロン大学経営学部、クイーンズランド州立大学教育学部卒業後、オーストラリア、アメリカにて教員の傍ら、ホームページ制作会社を1996年に設立。日本に帰国後、パソコンソフト大手ソースネクストのウェブマスターを経て全国で毎月20を超える検索エンジン対策セミナーで講師を務める。セミナー受講者累計10000名、2008年SEOの知識の普及とSEOコンサルタントを養成する協会を設立。会員数は600社を超え、187名超を養成。著書に「御社のホームページをヤフー!・グーグルで上位表示させる技術」（東洋経済新報社刊）など9冊を執筆。

- **社団法人全日本SEO協会 :http://www.web-planners.net/**

**■書籍コーディネート　有限会社インプルーブ 小山 睦男**

編集担当：吉成明久
写真：©siro46 - stock.foto

# 目にやさしい大活字
# SEOに効く! Webサイトの文章作成術

2015年1月9日　　初版発行

著　者　ふくだたみこ
監修者　鈴木将司
発行者　池田武人
発行所　株式会社　シーアンドアール研究所
本　社　新潟県新潟市北区西名目所 4083-6（〒950-3122）
電話　025-259-4293　FAX　025-258-2801

ISBN978-4-86354-763-6 C3055